浙江省实验教学示范中心建设成果

计算机与软件工程实验指导丛书

计算机网络基础实验指导

周 怡 主编

浙江工商大学出版社
ZHEJIANG GONGSHANG UNIVERSITY PRESS

图书在版编目(CIP)数据

计算机网络基础实验指导 / 周怡主编. —杭州：
浙江工商大学出版社，2014.9(2017.1重印)
ISBN 978-7-5178-0624-0

Ⅰ. ①计… Ⅱ. ①周… Ⅲ. ①计算机网络－实验－高
等学校－教材 Ⅳ. ①TP393－33

中国版本图书馆 CIP 数据核字(2014)第 196525 号

计算机网络基础实验指导
周 怡 主编

责任编辑	汪 浩	
封面设计	王妤驰	
责任印制	包建辉	
出版发行	浙江工商大学出版社	
	(杭州市教工路 198 号 邮政编码 310012)	
	(E-mail:zjgsupress@163.com)	
	(网址:http://www.zjgsupress.com)	
	电话:0571－88904970,88831806(传真)	
排 版	杭州朝曦图文设计有限公司	
印 刷	虎彩印艺股份有限公司	
开 本	787mm×960mm 1/16	
印 张	14	
字 数	275 千	
版 印 次	2014 年 9 月第 1 版 2017 年 1 月第 3 次印刷	
书 号	ISBN 978-7-5178-0624-0	
定 价	28.00 元	

"计算机与软件工程实验指导丛书"编委会

总　序

以计算机技术为核心的信息产业极大地促进了当代社会和经济的发展,培养具有扎实的计算机理论知识、丰富的实践能力和创新意识的应用型人才,形成一支有相当规模和质量的专业技术人员队伍来满足各行各业的信息化人才需求,已成为当前计算机教学的当务之急。

计算机学科发展迅速,新理论、新技术不断涌现,而计算机专业的传统教材,特别是实验教材仍然使用一些相对落后的实验案例和实验内容,无法适应当代计算机人才培养的需要,教材的更新和建设迫在眉睫。目前,一些高校在计算机专业的实践教学和教材改革等方面做了大量工作,许多教师在实践教学和科研等方面积累了许多宝贵经验。将他们的教学经验和科研成果转化为教材,介绍给国内同仁,对于深化计算机专业的实践教学改革有着十分重要的意义。

为此,浙江工商大学出版社、浙江工商大学计算机技术与工程实验教学中心及软件工程实验教学中心邀请长期工作在教学、科研第一线的专家教授,根据多年人才培养及实践教学的经验,针对国内外企业对计算机人才的知识和能力需求,组织编写了"计算机与软件工程实验指导丛书"。该丛书包括《操作系统实验指导》《嵌入式系统实验指导》《数据库系统原理学习指导》《Java 程序设计实验指导》《接口与通信实验指导》《My SQL 实验指导》《软件项目管理实验指导》《软件工程开源实验指导》《计算机网络基础实验》《数字逻辑及计算机组成原理实践教程》《计算机应用技术(Office 2010)实验指导》等书,涵盖了计算机及软件工程等专业的核心课程。

丛书的作者长期工作在教学、科研的第一线，具有丰富的教学经验和较高的学术水平。教材内容凸显当代计算机科学技术的发展，强调掌握相关学科所需的基本技能、方法和技术，培养学生解决实际问题的能力。实验案例选材广泛，来自学生课题、教师科研项目、企业案例以及开源项目，强调实验教学与科研、应用开发、产业前沿紧密结合，体现实用性和前瞻性，有利于激发学生的学习兴趣。

我们希望本丛书的出版，对国内计算机专业实践教学改革和信息技术人才的培养起到积极的推动作用。

"计算机与软件工程实验指导丛书"编委会
2014 年 6 月

目　　录

第一章　传输介质与网络设备

1.1　传输介质

传输介质是计算机通信网络的结构基础,是数据传输系统中在发送器和接收器之间的物理通路,是通信中实际传送信息的载体。

传输介质分为有线信道和无线信道两大类。有线信道,如同轴电缆、双绞线、光纤等;无线信道,如地面微波、卫星微波、红外线等。

1.1.1　同轴电缆

同轴电缆(Coaxial Cable)主要是由两个导体层组成,内导体通常是实心铜线或多股线的绞合构成,用于传输电磁信号;外导体采用软铜线编织成网状,用于吸收外界的干扰信号,并将电缆所传输的电子信号屏蔽起来。内外导体之间用聚乙烯塑料制成的绝缘层隔开,防止内外导体之间接触短路。最外面是绝缘保护层,通常由柔韧的耐火塑料制品构成,保护同轴电缆免遭外部损坏。

图 1-1　同轴电缆

同轴电缆按照特性阻抗不同,可以分成基带(baseband)同轴电缆和宽带(broadband)同轴电缆两类:

(1)基带同轴电缆:特性阻抗50Ω,通常用于基带的数字信号传输,在局域网中使用这种基带同轴电缆,可在2.5 km内(需加中继器)以10 Mbit/s的速率传送数字信号。最早的以太网IEEE 802.3标准10 Base-5和10 Base-2,就是规定使用50Ω同轴电缆。按照直径的不同,基带同轴电缆又可以分为粗缆(直径1.27 cm)和细缆(直径0.26 cm)。粗缆符合10 Base-5介质标准,单段最大标准长度为500 m,两个节点的最小间距为2.5 m,单段最多可接100个节点,使用时需要一个外接收发器及收发器电缆。细缆符合10 Base-2介质标准,单段最大传输距离为185 m,两个节点的最小间距为0.5 m,单段最多可接30个节点。细缆使用时与终端电阻、T型连接器、BNC接口网卡相连。

(2)宽带同轴电缆:特性阻抗75Ω,通常用于频分多路复用的模拟信号传输,其频率通常高达300—800 MHz,如要传输数字信号,则需要进行信号变换,即将数字信号变换成模拟信号,才能在电缆上传输。按照编码方式和所用传输系统的不同,一般来说,每秒传送1比特要用1 Hz的带宽。例如日常生活中的闭路电视所使用的CATV电缆,就是宽带同轴电缆。

同轴电缆曾广泛的用于长距离的电话、电报、有线电视系统。在20世纪80年代,曾是构建局域网的基础。同轴电缆两端通过BNC接头连接T型BNC头,通过T型BNC头连接网卡,用同轴电缆组网需在同轴电缆两端制作BNC接头。BNC接头有压接式、组装式和焊接式,制作压接式BNC接头需要专用卡线钳和电工刀。

同轴电缆组网特征:组建的网络拓扑结构为总线型,单段最大长度比双绞线要长,接入点通常为几百台;施工安装比双绞线复杂,安装价格比双绞线贵,比光纤便宜;在抗干扰性能方面,由于高频条件下屏蔽层的抗干扰和串音能力比双绞线强,带宽也比双绞线要高,因此其适用于高频大通路长途干线,但在抗腐蚀和干扰方面不如光纤。

1.1.2 双绞线

双绞线(Twisted Pair)是目前使用最普遍,价格最便宜的传输介质,其基本结构由两条相互绝缘的铜线绞接在一起组成,典型直径约为1 mm。两根线绞接是为了防止其电磁感应在邻近线中产生干扰信号,以及抵御一部分的外界电磁波干扰。双绞线适合短距离的数据传输,既可以传送数字信号,也可以传送模拟信号。多对双绞线封塑后构成的线缆,常称为对称线缆。电话通信所用对称电缆中双绞线对数可选范围在2~2400之间,而计算机网络中通常使用的网线由4对双绞线构成。

按照美国电子工业协会/电信工业协会(EIA/TIA),双绞线的电气性能分类如表1-1所示。在网线上以"CATx"方式标注,如五类线,则标记为"CAT5",超五类线,标注为"CAT5e"。等级越高,双绞线的绞合长度也越高:三类线的绞合长度为7.5—10 cm,而五类线的绞合长度为 0.6—0.85 cm。

表 1-1　双绞线电气性能

分类	电气性能
CAT1(一类线)	常用于早期电话网络中的传输话音。
CAT2(二类线)	传输频率 1 MHz,常用于语音和数据传输。
CAT3(三类线)	传输频率 16 MHz,用于 10 Mbit/s 的以太网。
CAT4(四类线)	传输频率 20 MHz,用于 16 Mbit/s 的令牌环网以及 10BASE-T／100BASE-T 的以太网。
CAT5(五类线)	传输速率 100 MHz,用于 100 Mbit/s 网络的数据传输,是目前最普遍使用的传输电缆。
CAT5E(超五类线)	衰减小,串扰低,可用于 100 Mbit/s、1000 Mbit/s 的以太网。
CAT6(六类线)	传输频率 1—250 MHz,提供 2 倍于超五类线的带宽,适用于 1 Gbit/s 的应用。
CAT7(七类线)	传输带宽至少 600 MHz,传输速率高于 10 Gbit/s。

双绞线按照是否包含屏蔽层,可分成屏蔽双绞线(STP)和非屏蔽双绞线(UTP),屏蔽双绞线电缆的外层由铝铂包裹,增强对外界干扰的抵抗,但相对价格和安装要求也比较高。此外,通过适当的屏蔽和扭曲长度处理后,可提高抗干扰能力。当传输信号波长远大于扭曲长度时,其抗干扰能力最好。

图 1-2　非屏蔽双绞线

图 1-3　屏蔽双绞线

图 1-4　RJ-45 插头和 RJ-45 插口

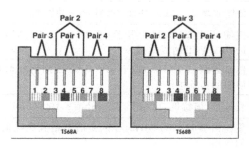

图 1-5　EIA568A/EIA568B

　　双绞线两端的接头符合 RJ-45 接口规范,俗称"水晶头",样子与普通电话线用的接头相似。RJ-45 接头连接 RJ-45 插座,而 RJ-45 插座通常安装于计算机网卡、集线器、交换机、路由器以及布线施工的内墙上。RJ-45 接口规范是指使用由国际性的接口插件标准定义的八个位置的模块化插头或插座。双绞线在网络中的排序标准有以下两种:

　　EIA 568A　双绞线的芯线从左到右依次为:白绿/绿/白橙/蓝/白蓝/橙/白棕/棕

　　EIA 568B　双绞线的芯线从左到右依次为:白橙/橙/白绿/蓝/白蓝/绿/白棕/棕

　　而根据 RS-232E 标准,每根芯线定义了不同的功能。在常用的 100BASE-T 中 RJ-45 水晶头的 4 对双绞线的规定:1、2 用于发送,3、6 用于接收,4、5、7、8 是双向线,同时 1、2、3、6、4、5、7、8 线必须是双绞。

　　当双绞线的两端均采用 568A 或 568B 接法时,这样做出来的线通常称之为"直连线"。这种线一般用于集线器或交换机与计算机之间的连接。当双绞线的一端采用 568A,另一端采用 568B 接法时,这样做出来的线通常称之为"交叉线"。这种网线一般用在集线器(交换机)的级联及两台 PC 机相互直连的情况下。

图 1-6　夹线钳和测线仪

1.1.3 光导纤维

光导纤维(Fiber Optic),简称光纤。它是一种光信号传输介质,由最外面的护套、外层的包层和内层的纤芯构成的圆柱形导体,其中纤芯由对光线具有较高折射率的材料制成。一条光缆由多条光纤组成。与铜缆(双绞线和同轴电缆)相比较,光缆适应了目前网络对长距离传输大容量信息的要求。

图 1-7　光纤

当前计算机网络中的光纤是用石英玻璃制成的横截面积很小的双层同心圆柱体。由 3 个同心部分组成了纤芯、包层和护套,每一路光纤包括两根,一根接收,一根发送。裸光纤由纤芯和包层组成,折射率高的中心部分叫做光纤芯,折射率低的外围部分叫包层。为了保护光纤表面,防止断裂,提高抗拉强度并便于应用,一般需在一束光纤的外围再附加一层保护层,这层保护层即为光缆的护套。当光线从纤芯射向包层时,在包层中的折射角会大于在纤芯中的入射角,形成物理学中的全反射,如图 1-8 所示。

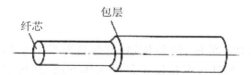
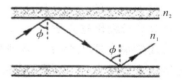

图 1-8　全反射

当光线发生全反射时,能量损失很小,所以与同轴电缆和双绞线相比较,光纤可提供极宽的频带,且功率损耗小、传输距离长(2 千米以上)、传输速率高(可达数千 Mbps)、抗干扰性强,是构建安全性网络的理想选择。

光纤系统使用两种不同的光源,发光二极管 LED 和激光二极管 LD,所以在不同光纤中传输的光波是有区别的。从整个通信过程来看,一条光纤是不能用于双向通信的。因此,目前计算机网络中一般使用两条以上的光纤来通信,若只有两条时,一条用来发送信息,另一条则用来接收信息。在实际应用中,光缆的两端都安装有光纤收发器,光纤收发器集成了光发送机和光接收机的功能——既负责光的发送,也负责光的接收。

光纤按照传输的模式的不同,可分成单模和多模两种类型。

多模光纤:中心玻璃芯较粗,一般为 50—62.5 μm,可传多种模式的光,但其模间色散较大,而且随着传输距离的增加会变得愈发严重,因此多模光纤的传输距离相对较短,一般只有几公里,主要用于局域网。

单模光纤:中心玻璃芯细,一般为 4—10 μm,只能传一种模式的光,不会发生色散,传输距离可达几十公里,带宽高,适用于大容量,长距离的网络主干线通信。

用光纤组网明显具有其他传输介质无法比拟的优点:

(1)传输信号的频带极宽,通信容量非常大。光纤通信系统的带宽以 MHz 和 GHz 来度量。

(2)信号衰减小,传输距离长。随着频率和传输距离的增大,铜缆通信时信号衰减较大(呈抛物线型),通常几公里内就需要很多中继站,而光纤的信号衰减很小,据贝尔实验室测试,在传输速率为 420 Mbps 且 119 公里无中继站情况下,误码率仅为 10^{-8},特别适合远距离数据传输。

(3)抗干扰能力强,电磁绝缘性能好,应用范围广。因为光纤是非金属材料,所以它不受电磁,雷电,静电等干扰影响,这种特性使光纤在长距离内能够保持较高的数据传输速率,且安全可靠。

(4)抗化学腐蚀能力强。

当然,光纤也存在着一些缺点:质地脆,机械强度低;切断和连接中技术要求较高;分路、耦合较麻烦;对接需要专用设备,安装复杂,光电接口较贵等。这些缺点限制了目前光纤的普及和应用。

1.1.4 无线传输介质

无线传输介质主要分为微波传输、卫星传输、红外传输、蓝牙传输等。它们均以电磁波为传输载体,联网方式灵活。因为其数据传输不依赖实体介质,其传输完成的决定因素在于发射和接收端。

(1)微波传输是指频率为 300 MHz—300 GHz 的电磁波,是无线电波中一个有限频带的简称,即波长在 1 米(不含 1 米)到 1 毫米之间的电磁波,是分米波、厘米波、毫米波的统称。微波传输类似光线直线传输,是一种视距范围内的接力传输。

微波传输的特点：微波波段频率高，通信信道容量大，传输质量平稳，但遇到雨雪天气会增加损耗。在组网方面灵活性高，可扩展性好，综合成本低，性能稳定，尤其适用于地理环境和工作环境受限制的场合，如高山、港口等施工环境会给有线网络、有线传输的布线工程带来极大的不便，利用无线微波就可以很好解决网络的架设问题。但是，微波传输在通信隐秘性和保密性上不如电缆通信。

（2）卫星传输是指利用卫星作为中继站而进行的通信。卫星通信系统由卫星和地球站两部分组成。卫星在空中起中继站的作用，即把地球站发上来的电磁波放大后再反送回另一（或多个）地球站。

卫星传输特点：通信覆盖区域广，距离远；不易受陆地灾害的影响，可靠性高；同时可在多处接收，能经济地实现广播、多址通信。但卫星的发射成本高，使用寿命较短，一般长则 7—8 年，短则 4—5 年；卫星传输延时较大，一般为 270 ms。

（3）红外传输是以红外线的方式传递数据，可以很方便地在办公室环境下实现无线方式连接。如手机，笔记本，打印机等。

红外传输特点：红外传输是一种点对点传输方式，存在传输距离短，只能直线传输且中间无法穿越障碍物的缺点。

（4）蓝牙传输是指以蓝牙的方式传递数据，蓝牙工作在全球通用的 2.4 GHz 频段。它主要用于短距离传输（最多 10 米）数据和语音，功耗非常低，同时能连接多个元件，传输速度快，蓝牙的数据速率一般为 1 Mb/s；使用 IEEE802.15 协议。

蓝牙传输特点：蓝牙具有电磁波的基本特征，有较大的功率，没有角度及方向性限制，具有穿墙性，可在物体之间反射、镜射、绕射。

1.2 网络设备

1.2.1 集线器

集线器（Hub）的主要功能是对接收到的信号进行再生整形放大，以扩大网络的传输距离，同时把所有节点集中在以它为中心的节点上。

集线器是中继器的一种，其区别仅在于集线器能够提供更多的端口服务，所以集线器又叫多端口中继器。集线器主要以优化网络布线结构，简化网络管理为目标而设计的。集线器是对网络进行集中管理的最小单元，像树的主干一样，它是各分枝的汇集点。

常见到的集线器基本结构如图 1-9 所示，其外部结构比较简单。

图 1-9　集线器

以集线器为节点中心的优点是：当网络系统中某条线路或某节点出现故障时，不会影响网上其他节点的正常工作，这就是与传统的总线网络相比最大的区别和优势，它提供了多通道通信，可以大大提高网络通信速度。

然而随着网络技术的发展，集线器的缺点越来越突出，而后发展起来的一种技术更先进的数据交换设备——交换机，逐渐取代了部分集线器的高端应用。集线器的不足主要体现在如下几个方面：

（1）用户共享带宽，带宽受限。集线器的每个端口并没有独立的带宽，而是所有端口共享总的背板带宽，用户端口带宽较窄，且随着集线器所接用户的增多，用户的平均带宽不断减少，不能满足当今许多对网络带宽有严格要求的网络应用，如多媒体、流媒体应用等环境。

（2）广播方式，易造成网络风暴。集线器是一个共享设备，它的主要功能只是一个信号放大和中转的设备，不具备自动寻址能力，即不具备交换作用，所有传到集线器的数据均被广播到与之相连的各个端口，容易形成网络风暴，造成网络堵塞。

（3）非双工传输，网络通信效率低。集线器在同一时刻每个端口只能进行一个方向的数据通信，而不能像交换机那样进行双向双工传输，网络执行效率低，不能满足较大型网络通信需求。

正因如此，尽管集线器技术也在不断改进，但实质上就是加入了一些交换机技术，目前集线器与交换机的区别越来越模糊了。

1.2.2　交换机

交换机的英文名称为"Switch"，它是集线器的升级换代产品，从外观上来看，它与集线器基本上没有多大区别，都是带有多个端口的长方形盒状体。交换机是按照通信两端传输信息的需要，用人工或设备自动完成的方法把要传输的信息送到符合要求的相应路由上的技术统称。广义的交换机就是一种在通信系统中完成信息交换功能的设备。

图 1-10　交换机

交换机的一个重要特点是它不是像集线器一样每个端口共享带宽,它的每一端口都独享交换机的一部分总带宽,这样在速率上对于每个端口来说有了根本的保障。交换机基于 MAC 地址(网卡的硬件地址)识别,完成封装转发数据包的功能。通过内部交换矩阵直接将数据包传送到目的节点,而不是所有节点,目的 MAC 若不存在才广播到所有的端口。这种方式的优点:一方面效率高,不会浪费网络资源,一般来说不易产生网络堵塞;另一方面数据传输安全,因为它不是对所有节点都同时发送,发送数据时其它节点很难侦听到所发送的信息。

交换机的主要功能包括物理编址、网络拓扑结构、错误校验、帧序列及流量控制。目前一些高档交换机还具备了一些新的功能,如对 VLAN(虚拟局域网)的支持、对链路汇聚的支持,甚至有的还具有路由和防火墙的功能。

交换机除能够连接同种类型的网络之外,还可以在不同类型的网络(如以太网和快速以太网)之间起到互连作用。如今许多交换机都能够提供支持快速以太网或 FDDI 等的高速连接端口,用于连接网络中的其他交换机或者为带宽占用量大的关键服务器提供附加带宽。

交换机具体内容详见"第四章交换机"。

1.2.3 路由器

路由器是一种连接多个网络或网段的网络设备,它能将不同网络或网段之间的数据信息进行"翻译",以使它们能够相互"读懂"对方的数据,从而构成一个更大的网络。它与前面所介绍的集线器和交换机不同,它不是应用于同一网段的设备,而是应用于不同网段或不同网络之间的设备,属网际设备。路由器之所以能在不同网络之间起到"翻译"的作用,是因为它不再是一个纯硬件设备,而是具有相当丰富的路由协议的软、硬件设备,如 RIP 协议(Routing Information Protocol)、OSPF 协议(Open Shortest Path First)、EIGRP(Enhanced Interior Gateway Routing Protocol)、IPV6 协议等。这些路由协议就是用来实现不同网段或网络之间的相互"理解"。

图 1-11　路由器

在局域网接入广域网的众多方式中,通过路由器接入互联网是最为普遍的方式。使用路由器互联网络的最大优点是:各互联子网仍保持各自独立,每个子网可以采用不同的拓扑结构、传输介质和网络协议,网络结构层次分明。通过路由器与互联网相连,则可完全屏蔽内部网络,起到一个防火墙的作用,因此使用路由器上网在一定程度上还可确保内部网的安全。

路由器具体内容详见"第五章路由器"。

1.3　网络建设实例

图 1-12 为一个企业网的拓扑结构图,如图所示,在如办公楼一类的小型范围内,使用交换机和双绞线组建网络(也可以组建无线局域网),企业内部网通过路由器接入互连网,企业与互联网之间的通讯主干道使用高带宽的光纤,而在企业网络中心与服务器机房以及办公楼之间,使用了同轴电缆(依据传输距离长短、成本和具体施工环境,也可使用光纤)。

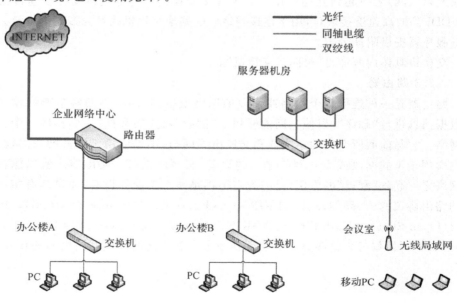

图 1-12　企业网拓扑图

实验一　传输介质

一、实验目的

1. 熟悉网络实验室环境,认识常用传输介质及其测试工具。

2. 制作双绞线(UTP):直连线的制作,交叉线的制作。

3. 连通性测试。

二、实验内容

1. 实验设备。

(1)五类非屏蔽双绞线。

(2)RJ-45接头。

(3)夹线钳。

(4)网络测线仪。

2. 实验步骤(直连式RJ-45水晶头制作)。

(1)用双绞线夹线钳(当然也可以用其它剪线工具)把五类双绞线的一端剪齐(最好先剪一段符合布线长度要求的网线),然后把剪齐的一端插入到夹线钳用于剥线的缺口中,注意网线不能弯,直插进去,直到顶住夹线钳后面的挡位,稍微握紧压线钳慢慢旋转一圈(无需担心会损坏网线里面芯线的包层,因为剥线的两刀片之间留有一定距离,这距离通常就是里面4对芯线的直径),让刀口划开双绞线的保护胶皮,拔下胶皮。

提示:夹线钳挡位离剥线刀口长度通常恰好为水晶头长度,这样可以有效避免剥线过长或过短。剥线过长一则不美观,二则因网线不能被水晶头卡住,容易松动;剥线过短,因有包层存在,所以双绞线不能完全插到水晶头底部,造成水晶头插针不能与网线芯线完好接触,导致做线失败。

(2)剥除外包层后即可见到双绞线网线的4对8条芯线,并且可以看到每对的颜色都不同。每对缠绕的两根芯线是由一种染有相应颜色的芯线加上一条只染有少许相应颜色的白色相间芯线组成。四条全色芯线的颜色为:棕色、橙色、绿色、蓝色。

先把4对芯线一字并排排列,然后再把每对芯线分开(此时注意不跨线排列,也就是说每对芯线都相邻排列),并按统一的排列顺序(如左边统一为主颜色芯线,

11

右边统一为相应颜色的花白芯线)排列。注意每条芯线都要拉直,并且要相互分开并列排列,不能重叠。然后用夹线钳垂直于芯线排列方向剪齐(不要剪太长,只需剪齐即可)。自左至右编号的顺序我们定为"1—2—3—4—5—6—7—8"。

(3)左手水平握住水晶头(塑料扣的一面朝下,开口朝右),然后把剪齐、并列排列的 8 条芯线对准水晶头开口并排插入水晶头中,注意一定要使各条芯线都插到水晶头的底部,不能弯曲(因为水晶头是透明的,所以从水晶头有卡位的一面可以清楚地看到每条芯线所插入的位置)。

(4)确认所有芯线都插到水晶头底部后,即可将插入网线的水晶头直接放入夹线钳压线缺口中。因缺口结构与水晶头结构一样,一定要正确放入才能使后面压下夹线钳手柄时所压位置正确。水晶头放好后即可压下夹线钳手柄,一定要使水晶头的插针都能插入到网线芯线之中,与之接触良好。然后再用手轻轻拉一下网线与水晶头,看是否压紧,最好多压一次,最重要的是要注意所压位置一定要正确。

至此,这个 RJ-45 头就压接好了。按照相同的方法制作双绞线的另一端水晶头,要注意的是芯线排列顺序一定要与另一端的顺序完全一样,这样整条网线的制作就算完成了。

两端都做好水晶头后即可用网线测试仪进行测试,如果测试仪上 8 个指示灯都依次为绿色闪过,证明网线制作成功。如果出现任何一个灯为红灯或黄灯,都证明存在断路或者接触不良现象,此时最好先对两端水晶头再用夹线钳压一次,再测,如果故障依旧,再检查一下两端芯线的排列顺序是否一样,如果不一样,剪掉一端重新按另一端芯线排列顺序制做水晶头。如果芯线顺序一样,但测试仪在重测后仍显示红色灯或黄色灯,则表明其中肯定存在对应芯线接触不好。此时只能先剪掉一端,按另一端芯线顺序重做一个 RJ-45 接头,再测,如果故障消失,则不必重做另一端接头,否则重复以上步骤,直到测试全为绿色指示灯闪过为止。

三、上机思考题

(1)如何制作交叉式 RJ-45 水晶头。

(2)使用测线仪测试交叉线时显示的结果及其原因。

第二章　网络管理服务

2.1　IP 及其配置

在 Internet 上为了区分每台主机为其分配了唯一的 IP 地址。Internet Proto-col 简称 IP,属于网络层协议,定义了相互通信的两个节点之间关于网络层交互方式的标准。IP 地址就像生活中使用的邮件地址,如果要给某人写信就必须知道对方的邮件地址,这样邮递员才能按照给定的邮件地址将信投递到对方手中。在现实生活中使用文字的地址,而在计算机领域中使用 IP 地址。

现行的 IPv4 版本 IP 地址是由 32 位的二进制数组成,由 4 组 8 位二进制数(也就是 4 个字节)组成,如:11000000 10101000 00000000 00000001。由于二进制形式处理不便人们在生活中一般采用十进制的表示形式,中间使用符号".”来分隔字节,这种方法称之为“点分十进制表示法”,上面给出的 IP 用该方法表示为:192.168.0.1,这种方法比 1 和 0 的二进制表示更符合人们在日常生活中使用的习惯。

这 32 位二进制数由类别、网络地址和主机地址共 3 个部分组成。网络地址用于区分不同的网络;主机地址用于区分一个网段内主机;IP 地址分成 5 类:A 类,B类,C 类,D 类和 E 类,其中 A、B 和 C 类是分配给用户使用的,D 类用于组播地址,E 类保留。

	1		8	16	24	32
A 类地址	0	网络地址		主机地址		
B 类地址	1	0	网络地址		主机地址	
C 类地址	1	1	0	网络地址		主机地址
D 类地址	1	1	1	0	组播地址	
E 类地址	1	1	1	1	0	保留

图 2-1　IP 地址分段图

由图 2-1 可见,A 类、B 类、C 类地址的网络地址长度分别为 1、2、3 个字节,二进制网络地址分别以 0、10、110 开始,其对应的范围为:

A 类:0.0.0.0 到 127.255.255.255

B 类:128.0.0.0 到 191.255.255.255

C 类:192.0.0.0 到 223.255.255.255

为了将 IP 地址中的网络地址与主机地址分离,人们定义了子网掩码。子网掩码是一个 32 位的二进制数,且 1 和 0 分别连续,左边是网络位,用二进制数字"1"表示,1 的数目等于网络位的长度;右边是主机位,用二进制数字"0"表示,0 的数目等于主机位的长度。

在划分子网情况下的网络地址指的是将子网掩码和 IP 地址进行"与"(and)运算后的结果。例如:IP 地址为 192.168.0.1,子网掩码为 255.255.255.0,则网络号是 192.168.0.0。根据 IP 地址和子网掩码可以知道它是 A 类、B 类或 C 类地址,同时也知道网络号和子网号之间的分界线,也可以知道子网号与主机号之间的分界线。

A 类地址的默认子网掩码为 255.0.0.0。

B 类地址的默认子网掩码为 255.255.0.0。

C 类地址的默认子网掩码为 255.255.255.0。

正如 IPv4 中 IP 地址的定义所决定,IPv4 版本中 IP 地址的数量只有 4,294,967,296(2^{32})个,而在扣除掉专用网络和多播地址之后,其数量变得更少。为了解决 IP 地址资源日益匮乏的问题,1998 年 12 月 IETF 正式公布了 IPv4 的下一代版本即 IPv6 的 RFC 定义。IPv6 采用 128 位的二进制数定义,所以它具有大约 2^{128} 个地址,极大程度地扩展了可用的地址范围。但由于技术及推广等多方面原因,IPv6 仍未全面使用,IPv4 仍为现在使用的主要标准。

实际应用中可以通过如下方法查看主机的 IP 地址:

如使用 Windows 系列系统,可以通过"开始→运行→CMD"的方式来打开 CMD 窗口,然后在该窗口中输入 ipconfig/all 命令来查看本机 IP 地址。如使用 Linux 系列系统,则可通过打开 Terminal 窗口,然后输入 ifconfig 命令的方式来查看本机的 IP 地址。如为其他系统则可在网络属性等页面查看。

在最早期 TCP/IP 网络中,一般是通过本地配置手工给设备分配 IP 地址的。在更新配置之前,该 IP 地址始终保持不变。随着网络变得越来越庞大,本地配置文件变得很难实现。为便于 IP 地址管理,出现了 3 种不同的 IP 地址分配协议:RARP 协议、BOOTP 协议和 DHCP 协议。

2.1.1 RARP 协议

Reverse Address Resolution Protocol 简称 RARP 协议,即反向地址转换协议。

在早期的协议中 ARP 协议让设备通过已知的 IP 地址来获得对应的 MAC 地址(又称为物理地址),而对于相反的情况,即已知自己的 MAC 地址却不知道自己的 IP 地址情况无法解决,如网络上的无盘工作站。RARP(逆地址解析协议)正是针对这种情况的一种协议。

由于 RARP 协议需要让局域网中的主机从服务器中获得其 MAC 地址对应的 IP 地址,所以在查询前网络管理员需在局域网的网关服务器上创建一个从 MAC 地址映射到其对应的 IP 地址的表。当网络中设置一台新主机时,新主机执行以下操作:

(1)主机发送一个本地的 RARP 广播,在此广播包中,声明自己的 MAC 地址并且请求任何收到此请求的 RARP 服务器分配一个 IP 地址。

(2)本地网段上的 RARP 服务器收到此请求后,检查其 RARP 列表,查找该 MAC 地址对应的 IP 地址。

(3)如果存在,RARP 服务器就给源主机发送一个响应数据包并将此 IP 地址提供给对方主机使用;如果不存在,RARP 服务器对此不做任何的响应。

(4)源主机收到从 RARP 服务器的响应信息,就利用得到的 IP 地址进行通信;如果一直没有收到 RARP 服务器的响应信息,表示初始化失败。

2.1.2 BOOTP 协议

Bootstrap Protocol 简称 BOOTP 协议,即自举协议。与更早的 RARP 协议和后期的 DHCP 协议相同,BOOTP 协议也是基于 C/S 模式即客户/服务器模式的。由于 RARP 协议的实现在计算机底层,使用该协议时必须访问网络硬件,因此应用程序人员基本不会去构造一台服务器。这样为了便于应用,人们开发了在传输层上的 IP 获取协议即 BOOTP 协议,BOOTP 协议与后来在其基础上扩展改建而成的 DHCP 协议均是建立在 UDP 协议之上的。

当网络中设置一台新主机时,新主机执行以下操作:

(1)由 BOOTP 启动代码启动客户端,这个时候客户端还没有 IP 地址,使用广播形式以 IP 地址 255.255.255.255 向网络中发出 IP 地址查询要求。

(2)运行 BOOTP 协议的服务器接收到这个请求,会根据请求中提供的 MAC 地址找到客户端,并发送一个含有 IP 地址、服务器 IP 地址、网关等信息的 FOUND 帧。

(3)客户端会根据该 FOUND 帧来配置本机 IP 属性。

由于 BOOTP 协议基于 UPD 协议,在实际执行中必然存在丢包乱序等现象,BOOTP 协议使用了超时和重传机制来解决这种问题。在 BOOTP 开发时其主要面向无盘工作站,其设计主要考虑的是相对静态的环境,但随着计算机的发展,诸如笔记本等经常需要重新获得 IP 地址,这时为了解决 BOOTP 协议所带来的一些弊端,在其基础上人们扩展改建形成了现在广为应用的 DHCP 协议。

2.1.3 DHCP 协议

Dynamic Host Configuration Protocol 简称 DHCP,即动态主机配置协议。最早版本的 DHCP 协议实际上是一个对 BOOTP 协议的扩充,随着技术的发展,DH-CP 逐渐被扩展改写,1997 年定义的 RFC-2131 是现在通用的版本,而在 2003 年后定义的如 RFC-3315 等则是面向未来的 IPv6 网络。

不同于 BOOTP 协议中管理员在服务器上的一对一手工预先配置,DHCP 协议只需要在服务器中配置好 IP 地址的整体结构,然后主机在加入网络后会自动通过协议来获得其使用的 IP 地址。与 BOOTP 协议相比,DHCP 协议主要在两个方面有很大的改进:首先,DHCP 协议使用消息来让主机获得其所需要的地址配置信息;其次,DHCP 协议允许主机动态的获得其需要的配置信息,在 DHCP 协议中有三种类型的地址分配方法。

(1)自动分配,即 DHCP 服务器在主机第一次发出请求的时候为主机分配一个 IP 地址,在这次分配后服务器将记录该 IP 地址与主机之间的对应关系,使得以后每次主机请求地址时均返回相同的 IP 地址,相当于 DHCP 服务器面为主机分配一个永久性的地址。

(2)动态分配,即 DHCP 服务器为每一个请求相应一个有时间限制的 IP 地址信息,超过时间后如果主机仍使用该地址信息则延续,否则收回。

(3)静态分配,实际上这是一种手工分配方式,管理员将指定的 IP 分配给指定的主机。

由于在分配方法及机制上对 BOOTP 协议有着很大的改进,DHCP 协议对使用者来说变得更加的简单好用,体现在如下方面:

(1)DHCP 降低了花费在 IP 地址规划和管理方面的时间。IP 地址的集中式管理免除了网络管理员对每台网络工作站、打印机或其他设备上 TCP/IP 的配置。

(2)DHCP 降低了分配 IP 地址的错误率。一方面借助 DHCP,不会存在分配给工作站无效地址的可能性,并且几乎不可能存在两台工作站使用相同的 IP 地址,并因此导致网络错误的可能。另一方面,当手工分配每台工作站的 IP 地址或者手工编辑 BOOTP 表时,很容易输入错误地址或者重复使用相同地址。

(3)DHCP 使用户在无须更改 TCP/IP 配置的情况下随意移动工作站和打印机。只要工作站被配置为从中心服务器获取 IP 地址,则工作站可以连到网络上任何地方,并且会收到有效地址。

(4)DHCP 使 IP 地址对移动用户透明。比如,如果某销售人员把 Windows 便携机带到会议室,以进行一个有关电子商务的在线演示,他可以在无须更改便携机配置的情况下就可以连接到网络,得到有效 IP 地址。

2.1.4 DHCP 出租过程及租期

为适应各种类型的计算机,DHCP 使用客户/服务器模型。当一台计算机启动时,就发送一个 DHCP 请求给发出 DHCP 应答的服务器。管理员能够将一台 DHCP 服务器配置成两种地址类型:赋给服务器的固定地址类型和按需分配的地址缓冲池类型。当一台计算机启动并发送一个请求给 DHCP,DHCP 服务器查询其数据库找到配置信息。如果数据库包含该计算机的条目,服务器就返回该条目。如果没有该计算机的条目,服务器将从缓冲池中选择下一个 IP 地址并赋给该计算机。实际上,地址按需分配并不固定。因而,DHCP 产生一个地址租期(lease),它只是一段有限的时间(当管理员创建了分配 DHCP 的地址缓冲池时,他必须指定每个地址的租期)。当租期期满时,计算机必须与 DHCP 协商以延长租期。一般情况下,DHCP 允许延长租期。然而,服务器可采取一种管理策略拒绝延长。例如,大学里拥有网络的教室,在一堂课的结尾可能选择拒绝延长租期以允许下堂课再次使用同一地址。如果 DHCP 拒绝一个延长请求,计算机必须停止使用该地址。

(1)DHCP 出租过程。借助于 DHCP,当设备连接到网络时,该设备会向 DHCP 服务器申请租用或者借用 IP 地址。换句话说,设备只是临时使用 IP 地址。比如,当客户机与网络断开连接时,客户机就会放弃刚才所用的 IP 地址,DHCP 服务器就可以把该 IP 地址分配给其他设备。

配置 DHCP 包括指定可以被租借给特定网段上任何网络设备的地址范围。一旦 DHCP 服务器正在运行,客户机可以连接到它,并且收到独一无二的 IP 地址。也就是说,客户机和服务器采用如下步骤来约定客户机的第一次租借:

①客户机启动时(假设它已经安装 TCP/IP 协议,并且已经绑定到网卡),它会借助于 UDP 协议,以广播的方式向 DHCP 服务器端口(缺省端口号为 67)发送 DHCP discover 数据包。这个时候由于客户机还没有 IP 地址,所以它发出的数据包的源主机 IP 地址为 0.0.0.0,同样由于在发包时客户机不知道服务器的 IP 地址,所以它发出的数据包的目的主机地址为 255.255.255.255,即广播包。DHCP discover 数据包发出后会有一个等待响应的时间,这个值一般为 1 秒,也就是说如果数据包发送后 1 秒之内没有得到响应则客户机会再次发包,这个重复发包的过程最多持续 4 次,后几次间隔时间分别为 9、13、16 秒。如果最终仍没有得到响应,则 DHCP discover 失败,系统会在用户指定的时间间隔后再次重复该过程。

②与该工作站处于相同子网的每个 DHCP 服务器都会收到广播请求。每个 DHCP 服务器均会回应一个有效的 IP 地址,并且同时禁止别的客户机试图使用该地址。这个数据包称之为 DHCP offer 数据包,它包括有效的 IP 地址、子网掩码、DHCP 服务器的 IP 地址以及租借时限。该消息也是以广播方式从 DHCP 服务端口(端口号 68)发送出去的。由于客户机没用 IP 地址,DHCP 服务器不能直接把数

据包发送给申请 IP 地址的客户机,所以这个数据包内会封装有客户机的 MAC 地址信息。

③客户机接收它所收到的第一个 IP 地址,并发送广播消息 DHCP request,以通知 DHCP 服务器它所接收的 IP 地址。由于该消息是广播式的,所以所有其他 DHCP 服务器会看到广播消息,并把准备分配的 IP 地址重新放回可用地址组中。同时客户机会通过 ARP 包来查询网络中是否有同样的 IP 地址,如果发现重复则发送一个 DHCP declient 包给服务器拒绝其提供的 IP 地址并重复步骤 1 中的工作。

④当被选中的 DHCP 服务器收到确认消息后,它会以广播的方式答复一个确认信息,该确认信息会提供更详细信息。

前面的处理步骤只涉及 4 个信息包的数据交互,因而通常不会增加客户机登陆网络的时间。在租借期结束之前,客户机和服务器不必重复这种信息交换过程。IP 地址会保留在客户机的 TCP/IP 设置中,即使该设备重新启动。

(2)终止 DHCP 租借。当租借时间超过在服务器配置中所设置的时间时,则 DHCP 租借会过期,而且用户可以在客户机的 TCP/IP 配置或服务器的 DHCP 配置中随时手工终止 DHCP 租借。一般情况下当租期时间到达 50% 时,客户机会尝试向 DHCP 服务器发送一个 DHCP request 包来询问是否可以继续使用现有的 IP 地址,如 DHCP 服务器响应且可以继续使用则 DHCP 服务器会发送一个确认包给客户机同意用户请求。当租期达到 87.5% 时如仍未得到 DHCP 服务器关于第一次请求的回复,客户机会再次尝试,如果仍然失败客户机将重新在网络上通过其他 DHCP 服务器试图获得 IP 地址,即重复上面的申请过程。

试想一下,如下情况会发生什么后果:上文所讲的那个销售人员在会议室演示完之后,他返回自己的办公室,把便携机网络连到桌下的插座并打开计算机。他的 TCP/IP 设置仍旧包含他在会议室从 DHCP 服务器处所得到的 IP 地址和其他信息。而且,由于 DHCP 租借期为 30 天,则他的 TCP/IP 服务将不会尝试从自己公司的 DHCP 服务器申请新的 IP 地址。当该销售人员尝试接收电子邮件时会发生何事?他会收到错误消息,原因是他的 IP 地址已经无效。不幸的是,该错误消息会只提示不能建立 TCP/IP 连接,而非需要一个新的 IP 地址。在这种情况下,用户需要终止租借。按照 Windows 说法,该事件被称为 TCP/IP 设备的租借。

2.2 域名系统

2.2.1 域名解析起源

在 Internet 中,IP 地址是 TCP/IP 协议的基础,但在日常生活中人们很难记住需要访问主机的 32 位二进制地址信息。而记忆有意义的名称对用户来说就容易多了,所以计算机也被赋以符号名字,当需要指定一台计算机时,应用软件允许用户输入这个符号名字,这种方式称之为域名。虽然符号名字对人来说是很方便的,但对计算机来说就不方便了。二进制形式的 IP 地址比符号名字更为紧凑,在操作时需要的计算量更少(例如进行比较时),同时 32 位二进制的 IP 地址相对于主机名的话长度固定,而且地址比名字占用更少的内存,在网络上传输需要的时间也更少。由于计算机与人的需求不同,所以需要一种模式使得将对人方便的域名转化成便于计算机使用的 IP 地址系统,这个过程称之为域名解析过程。

在早期的 Internet 中,人们使用一个存储在网络中心主机上简单的主机文件——HOST. txt 文件来存储域名与 IP 地址的映射关系,在文件中二者相互映射,用户需要实时向中心索取该文件。在 Internet 早期主机数量只有几百台的时候这种方式非常适合,但随着网络上用户的增多,这种方式变得越来越不方便。首先,计算机名会产生冲突;其次,每次变化的时候需要对所有主机文件进行更新;再次,随着文件越来越大变得越来越难以维护,于是人们设计了域名系统来解决这些问题。

2.2.2 域名系统

Domain Name System 或 Domain Name Service 简称 DNS 系统,即域名系统,它是由解析器以及域名服务器组成的。域名服务器是指保存有该网络中所有主机的域名和对应 IP 地址,并具有将域名转换为 IP 地址功能的服务器。它实际上是一种按层次结构组织的、基于域的命名方案,而这种方案是由分布在全世界的无数个 DNS 服务器中的数据库所组成的分布式数据库系统来实现的。

由于域名的命名有一定的自主性,所以计算机的域名往往像人的名字一样被赋予一定的含义,这种含义使得域名相对来说便于记忆。而 DNS 就像一个自动的电话号码本,我们在现在许多智能手机上可以直接呼叫对方的名字,手机会自动代替我们查找到对方的电话号码并进行拨号,同样 DNS 在我们直接输入对方的域名如 www.zjgsu.edu.cn 时会自动地将域名转化为像 202.96.99.58 这样计算机可以识别的 IP 地址。同时由于 Internet 上主机过于繁多,造成我们的这个自动的电话号码本过大,所以在实际应用中采用的是分布式处理方式,即 Internet 上的单个 DNS 服务器并不存储所有的域名信息,这样既可以避免单一服务器的不可靠性问题,也保证了服务器的负载不会过大。

DNS 使用 TCP 与 UDP 的端口号都是 53,主要使用 UDP,服务器之间备份使用 TCP。在该系统中域名必须对应一个 IP 地址,而一个 IP 地址并不一定只对应一个域名。

2.2.3 域名系统的命名空间

现在 Internet 上主机异常庞大,增长速度非常迅猛,所以如何管理数量众多的域名成为了一件非常复杂的事情,人们参照了现实生活中邮政地址系统的例子,采取了分层的模式,现实中一个实际的地址往往是由国家、省、市、区县、街道号牌组成的,而这样命名的方式除了可以逐层清晰看到地址的整体结构外,还可以有效地避免了名字冲突的问题,如上海的延安路和杭州的延安路显然不是一个地方,DNS系统也采用了这种命名方式。

实际应用中域名组织采取一种树状的结构,每级代表一定的命名资源,其第一层域根为一个未命名的级别,又是使用两个空引号(" ")显示,以表示控制。在实际应用中完整的域名尾部应包含一个句点(.)来表示根域,在现在的 DNS 系统中会自动的在域名后面补充最后的句点。

其第二层为顶级域,顶级域分为两种:通用域和国家域。在 1985 年 1 月顶级通用域名创立时,只有 6 个顶级域名,主要供美国使用,包括:". com"供商业使用,但现在已成为无限制的最常用的域名;". net"供网络服务供应商使用,现在同样成为无限制的通用域名;". org"供不属于其他通用顶级域类型的组织使用,现亦无限制;". edu"供教育机构使用,但后期由于国家域等种种原因已成为专供美国教育机构使用的域名;". gov"供政府机关使用,现同样为美国专用;". mil"供美国军事机构使用。1988 年 11 月时应北约(NATO)要求,开始使用". int"。该域名原计划也用于部份因特网基建数据库,如". ip6. int",即". in-addr. arpa"的 IPv6 版本。但后来又建议所有新的数据库需使用". arpa"创建(与 TLD 以前的系统相同),现有的亦将在可能的情况下移动到". arpa",令 IPv6 反搜索使用". ip6. arpa"。2000 年 11 月 16日,互联网名称与数字地址分配机构(ICANN)发布了 7 个新通用顶级域名:". biz"供商业使用;". info"供信息性网站使用,但无限制;". name"供家庭及个人使用;". pro"供职业使用,如医生律师等;". aero"供航空运输业使用;". coop"供联合会使用;". museum"供博物馆使用。国家域是对应每一个国家的,具体的信息请参考ISO3166 国际标准,每个域可以控制分配自己下面的域。

第三层为二级域,这是我们平常使用中最关心的,也是我们所认知的有含义的部分。这类域名一般是用户自己注册的,其具体命名由用户自行确定,一般来说国际域名的 DNS 必须在国际域名注册商处注册,国内域名的 DNS 必须在 CNNIC 注册,注册支持解析英文域名和中文域名的 DNS 要分别注册,在中国一般.com 域名直接买的价格每个在人民币 50 元/年左右,从 ICANN 做代理买百个域名的批发价格在 30 元/年左右。英文域名在实际应用中对大小写的区分不敏感,所以在注册的时候需要注意避免产生歧义。

第四层则为子域,是二级域名所有者可以创建的功能性区分部分,这些名称从已注册的二级域名中派生,包括为扩大单位中名称的 DNS 树而添加的名称,并将其分为部门或地理位置。如 cs. zjgsu. edu. cn 即表示了中国浙江工商大学的计算机学院,而 www. cs. zju. edu. cn 则表示了中国浙江大学的计算机学院。

2.2.4 中文域名

由于互联网起源于美国,使得英文成为互联网上资源的主要描述性文字。这一方面促使互联网技术和应用的国际化,另一方面,随着互联网的发展,特别在非英文国家和地区的普及,又成为非英语文化地区人们融入互联网世界的障碍。中文域名,顾名思义,就是以中文表现的域名。中文域名是含有中文的新一代域名,同英文域名一样,是互联网上的门牌号码。中文域名在技术上符合 2003 年 3 月份 IETF 发布的多语种域名国际标准。中文域名的推出客观上拓展了有限的域名资源空间,中文域名也在一定程度上解决了原来相同英文域名中不同商标权人的商标汉字不同的问题。然而,域名的本质特征不可能因中文域名的出现而改变,域名的抢注导致的其与商标权的冲突仍然大量存在,甚至从另一个角度来说,由于中文域名的本身使用的是中文字符,而使这种冲突更加剧烈,其因有二:

其一,如果说英文域名系统中域名所使用的英文字母与商标所使用的汉字在发音或含义上相同或相似,是否构成域名与商标的相同或相似,进而是否构成抢注还是一个问题,那么,中文域名的使用则使这个问题不复存在。但中文域名中不可避免地会出现与商标完全相同的字符,冲突是必然成立的。

其二,受传统文字商标标识的影响,客户和消费者很自然地会将中文域名的名称与相同或相似的企业名称直接联系起来。从这种意义上讲,使用中文域名更可能在企业间引起纠纷。域名与商标用途上的类似以及两者之间存在的必然差异共同导致了冲突的产生。但是目前各国关于两者的冲突解决并无专门的法律规定,实践中多以商标法进行解决,但这种解决方法往往注重对商标权人利益的保护,而忽视了对域名所有人利益的保护。

2.2.5 DNS 客户/服务器模型

域名命名系统的一个主要特点是自治,即系统设计中允许每个组织为计算机指派域名或改变这些域名而不必通知中心机构。命名体系通过允许组织使用特定后缀控制所有域名来帮助完成自治。于是,浙江工商大学可以自由地创建或改变任何域名,只要这些域名以 zjgsu.edu.cn 结尾,而 IBM 公司也可以自由地创建或改变任何域名,只要这些域名以 ibm.com 结尾。

除有层次的域名之外,DNS 运用客户/服务器交互来帮助自治。本质上,整个域名系统以一个大的分布式数据库的方式工作。大多数具有因特网连接的组织都有一个域名服务器。每个服务器包含连向其他域名服务器的信息,结果是这些服务器形成一个大的协调工作的域名数据库。每当有应用需要将域名翻译为 IP 地址时,这个应用成为域名系统的一个客户。这个客户将待翻译的域名放在一个 DNS 请求信息中,并将这个请求发给 DNS 服务器。服务器从请求中取出域名,将它翻译为对等的 IP 地址,然后在一个回答信息中将结果地址返回给应用。

2.2.6 域名服务器

像之前说的那样,域服务器管理整个 DNS 数据库,并且可以进行 DNS 查询。从理论上来讲,一台服务器可以包含所有的 DNS 数据库,但是在实际应用中由于巨大的负载使这台服务器必然会变的毫无用处,而且因为其唯一性,只要该服务器停机,整个网络将彻底瘫痪。为了避免这种问题,域名空间将被划分成不同的区域,由不同的服务器进行管理。一般来说一个区域可以由一台主服务器和任意台次服务器组成,这就是域名服务器的层次系统。虽然 DNS 允许自由地使用多服务器,但一个域名体系不能被任意地分散到各服务器上去,规则是:一个服务器必须负责具有某一后缀的所有计算机。在网络构架的表示上,子树可以被移到分开的服务器,但给定的一个站点不能分开。域名系统中的服务器是相互链接的,这样才使得客户可以通过这些链找到正确的服务器。

DNS 服务器的层次安排在一般情况下对应于域名的层次,每个服务器作为域名体系中某一部分的管辖者(authority)。一个根服务器(root server)占据着这个层次体系的顶部,它是顶层域(如".com")的管辖者。虽然根服务器并不包含所有可能的域名,但它知道如何找到其他服务器。例如虽然它不知道 IBM 公司的计算机名字,但它知道如何找到处理对 ibm.com 的请求的服务器。类似地,根服务器知道如何找到处理对 zjgsu.edu.cn 的请求的服务器。

然后既然是对空间进行划分那么必然会出现边界的问题,边界应该处于什么样的位置,这个问题一般由管理员来决定。但这个决定一般取决于区域内结构的划分。比如在 zjgsu.edu.cn 中拥有一台服务器,他可以处理下属的很多域名如:yjs.zjgsu.edu.cn(浙江工商大学的研究生部)和 cs.zjgsu.edu.cn(浙江工商大学信息学院),但随着信息学院的发展,他们设立了许多下级的服务器,这样信息学院希望自己内部可以更好地访问,于是就设立了自己的服务器。于是 cs.zjgsu.edu.cn 变成了一个独立的域,而 yjs.zjgsu.edu.cn 却不是。

2.2.7 域名解析

将域名翻译为对等的 IP 地址的过程称为域名解析(name resolution),域名称被解析(resolved)为地址。完成这项翻译工作的软件称为域名解析器(name resolver,或简称解析器)软件。

然而并不是所有的域名解析都是通过服务器来进行的。有时,客户端通过搜索自身先前查询而获得的缓存,在本地获得查询,这时并不需要服务器。而有时 DNS 服务器可使用其自身的资源记录信息缓存来应答查询,有时 DNS 服务器却需要代表请求客户去查询或联系其他 DNS 服务器,来解析该名称并将应答返回值返回客户端,这个过程被称为"递归"。而在另一种情况下,客户端自己也会尝试联系其他的 DNS 服务器来解析名称,当客户端这么做的时候,它会根据来自服务器的参考答案使用其他的独立查询,这个过程被称为成为"迭代"。

所谓的本地解析是指,当这种解析的请求传到 DNS 客户端时,客户端首先使用本地缓存信息进行解析,如果可以查询到要解析的域名,则应答该查询,这样信息处理完成。而这种本地查询的信息可能来自两方面:第一种是如果本地配置主机文件,即来自该文件的任何主机名称到地址的映射,在 DNS 客户端服务启动时将预加载到缓存中;而第二种情况是在 DNS 查询应答被响应时,该资源记录将被添加至缓存并保存一段时间,在被保存的时间内,如果该地址被重复查询,系统则返回该信息来应答请求,否则解析过程将继续进行,即该查询将通过服务器来完成。

以 UNIX 系统为例,在 UNIX 系统中,应用可以调用库程序 gethostbyname 来进行域名解析。gethostbyname 有一个参数并返回一个结构,这个参数是一个包含待查域名的字符串。如果解析成功,gethostbyname 返回一个结构,其中包含一个或多个对应于该域名的 IP 地址的表,如果解析失败,gethostbyname 返回一个NULL 指针。

而在上述情况解析失败的时候,域名解析器软件将开始进行工作,为了成为DNS 服务器的一个客户,解析器将指定的域名放在一个 DNS 请求(DNS request)信息中,并向 DNS 服务器发送这个信息。解析器接着等待服务器发回一个包含答案的 DNS 回答(DNS reply)信息。虽然客户能够选择使用 UDP 或 TCP 与 DNS 服务器通信,但解析器大多数被配置为使用 UDP,因为它对单个请求的开销较小。

客户端一般首先查询其自身的首选 DNS 服务器,在 DNS 的此次过程中初始客户/服务器查询部分使用的是实际服务器,来自其全局列表。当 DNS 服务器接收到查询请求时,首先查询在其自身的本地区域信息中是否可以找到对应的记录信息,如果有则使用该记录进行查询解析,这时服务器将对应的信息返回给客户端,查询过程终止。如果在自身的列表中未找到该信息,则服务器将尝试使用它以前查询过的本地缓存信息来对该请求进行解析,如发现对应的信息,则利用该信息进行 DNS 应答,然后 DNS 服务器将该信息返回给发出请求的客户端,这时本次查询完成。

当首选 DNS 服务器无论在缓存还是区域信息中均无法查询到该请求的请求信息时,查询任务将继续进行。这将使用前者讲到的"递归"方式来完成解析过程,而这样需要与其他 DNS 服务器进行信息查询。在默认的情况下,DNS 客户端要求服务器在返回应答前使用递归过程来代表客户端进行完全解析。而同样一般来说,DNS 服务器都被默认配置成支持递归过程的模式。

为了使递归过程正确地完成,首先应该在各个 DNS 服务器的域名空间内记录其他 DNS 服务器的一些信息,这样当服务器发现到达请求中的域名不在自己的管辖范围时,可以与另一个客户/服务器交互,这个服务器临时成为另一个域名服务器的客户。在第二个服务器返回一个回答后,原先的服务器向发送请求的解析器发送一个该回答的副本。

前文还曾经提到过一种成为"迭代"的查询过程,这是一种客户端子机尝试联系其他 DNS 服务器来进行解析的过程,而这类查询的过程需要满足以下条件:

(1)客户端在申请使用递归过程,但在 DNS 服务器上递归被禁止。

(2)查询 DNS 服务器时客户端未申请使用递归。

(3)来自客户端的迭代请求告知 DNS 服务器,客户端希望直接从 DNS 服务器那里得到最好的应答,而无需联系其他 DNS 服务器。

当使用迭代查询时,DNS 服务器如未能解析地址则将返回一个与其查询名称比较接近的 DNS 服务器资源列表给客户端,这样客户端再根据该列表进一步进行查询。在这个过程中 DNS 服务器除了向客户端提供自己最好的应答外,还在解析的过程中充当指路者的角色。

2.2.8 DNS 的性能优化

实测表明,上面所描述的域名系统的效率是令人失望的。在没有优化的情况下,根服务器的通信量是非常小的,因为每次有人提到远程计算机的域名时根服务器都会收到一个请求。而且,局部性原理告诉我们,一台给定的计算机会反复地发出同样的请求——如果一个用户输入了一个远程计算机的域名,那么他以后将再次提及相同的域名。

在 DNS 中主要有两方面的优化:复制与缓存。每个根服务器是被复制的,在世界上存在着该服务器的许多副本。当一个新的站点加入因特网时,该站点在本地 DNS 服务器中配置一个根服务器表。该站点的服务器使用给定时间里响应最快的根服务器。在实际应用中,地理上最近的服务器往往响应得最好。因此,一个在欧洲的站点将倾向于使用一个位于欧洲的服务器,而一个在加利福尼亚州的站点将选择使用一个位于美国西部的服务器。

DNS 缓存比复制更为重要,因为缓存对大多数系统都很有影响。每个服务器都保留一个域名缓存。每当查找一个新的域名时,服务器将该绑定的一个副本置于它的缓存中。在与另一个服务器通信以申请绑定前,服务器都查看它的缓存。如果缓存中已经包含了答案,服务器就使用这个答案来生成回答。

当信息缓存时,会有一个存在时间(TTL)来确定该缓存的生存周期,在 TTL 没有到期的情况下,DNS 服务器就可以继续缓存并使用该缓存记录。在默认情况下 TTL 最小为 3600 秒,但这个数字是可以进行调整的。

缓存的工作是出色的,因为域名解析显示出强烈的使用上的时间局部性趋向。这就是说,在某一天中,一个用户可能反复地查找同一个域名。例如,如果一个用户向一个地址发电子邮件,他就很可能收到对方的一个回答,等等。当一个应用第一次查找一个域名时,本地 DNS 服务器将该绑定置于缓存中,服务器可以将缓存中的绑定返回给随后的请求,而不是与作为管理者的服务器再次通信。

2.2.9 DHCP 与域名

尽管 DHCP 使得计算机能够不用手工参与就可以获取 IP 地址,但是 DHCP 不与域名系统相互作用。这样,当改变地址时,一台计算机不能保持它的名字。但是,计算机却不必为了迁移到一个新的网络而改变它的名字。例如,一台计算机从 DHCP 获取 IP 地址 192.5.48.195,并假设域名系统包含一个记录,将名字 x. yz. com 固定给该地址。现在考虑如果用户关闭计算机并度假两个月,其间地址租期过时将会发生什么情况? DHCP 可能将该地址分配给另一台计算机,当用户回来打开计算机时,DHCP 将拒绝使用同一地址的请求。因此,计算机将获取一个新的地址。不幸的是,DNS 继续将名字 x. yz. com 映射到旧地址。现在研究者们在考虑 DHCP 应该如何同 DNS 相互作用。在协议标准化之前,那些使用 DHCP 的地区必须使用一个非标准机制来改变 DNS 数据库,或者当地址改变时改变计算机的名字。

域名系统提供了计算机域名与对等的 IP 地址之间的自动映射。每个计算机域名是一个由句点分开的字母数字段组成的字符串。域名的定位是有层次的,域名中的段对应于层次体系中的层。

域名中段的数量没有标准,因为每个组织都可以自由地选择如何定义它的层次。事实上,一个组织中的两个工作组也可以有不同的层次体系,一组在线服务器为解析请求提供回答,每个组织选择如何将域名定位于服务器,并且各服务器链接在一起形成一个统一的系统。调用解析器的应用程序成为域名系统的客户,该客户向它的局域服务器发出请求,服务器要么直接回答这个请求,要么与其他服务器通信以查询结果。

实验一　DHCP 服务

一、实验目的

1. 了解 DHCP 服务协议。
2. 配置 DHCP。

二、实验内容

1. 实验设备。

(1)锐捷 S2126G 交换机 1 台。

(2)PC 机 3 台,操作系统为 Windows 系列,装有 DHCP 服务。

(3)网线 3 条。

2. 实验环境。

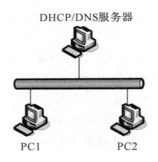

图 2-2　网络拓扑结构图

3. 实验步骤。

(1)添加 DHCP 和 DNS。选"控制面板→添加/删除程序→添加/删除 Windows 组件→网络服务→选中:动态主机配置协议 DHCP→选中:域名服务系统 DNS"。

添加成功后,不需重新启动,即可在"开始→程序→管理工具"中看到并使用相关服务。如图 2-3 所示。

注:很多电脑该功能已添加,无需重复添加。

图 2-3   DHCP 服务

（2）网络属性设置。要使用 DHCP 服务，DHCP 服务器必须要有静态（即固定）的 IP 地址。如果只是在局域网中使用，原则上可用任意的 IP 地址，最常用的是"192.168.0.1"到"192.168.0.254"范围内的任意值。欲为网卡绑定静态 IP 地址，按如下操作：

①打开网络属性设置窗口：即 TCP/IP 属性设置窗口。选"控制面板→网络和拨号连接→本地连接→属性→Internet 协议（TCP/IP）→属性"。

②为网卡绑定 IP 地址，选"使用下面的 IP 地址"，在"IP 地址"一栏输入"192.168.0.10"；子网掩码一栏输入"255.255.255.0"；如果本机是本网内的服务器，则"默认网关"和"首选 DNS 服务器"两栏也均填入此默认 IP 地址；如果本机不是本网内的服务器，则一般"默认网关"和"备用 DNS 服务器"两栏的值为服务器的 IP 地址，而"首选 DNS 服务器"仍然为本机的默认 IP 地址。本实验可忽略默认网关和 DNS 服务器。如图 2-4。

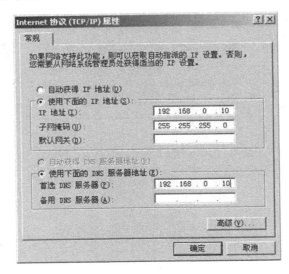

图 2-4   DHCP 服务器的 IP 地址

③PC1 的网络属性设置为"自动获得 IP 地址"。使用类似 DHCP 服务器的网络属性设置方法将 PC2 的网络属性设置为 192.168.0.20/24。

(3)DHCP 的设置。

①在选定的 DHCP 服务器上打开 DHCP 管理器。选"开始菜单→程序→管理工具→DHCP",默认的,里面已经有了服务器的名称,比如"net19"。如图 2-5 所示。

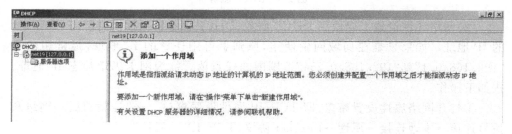

图 2-5　DHCP 服务器的配置

②如果列表中还没有任何服务器,则需添加 DHCP 服务器。选"DHCP→右键→添加服务器",选"此服务器",再按"浏览"选择(或直接输入)服务器名"wy"(即主机的名字,可通过右键点击"我的电脑",选择"属性"——"计算机名"进行查看)。

③打开作用域的设置窗口。先选中服务器,再按"右键→新建作用域"。

④设置作用域名。此地的"名称"项只是作提示用,可填任意内容。如图 2-6。

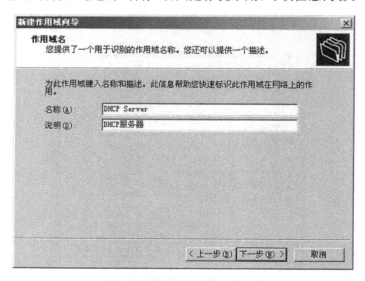

图 2-6　DHCP 服务器的作用域

⑤设置可分配的IP地址范围。比如可分配"192.168.0.10～192.168.0.244",则在"起始 IP 地址"项填写"192.168.0.10","结束 IP 地址"项填写"192.168.0.244";"子网掩码"项为"255.255.255.0"。如图2-7。

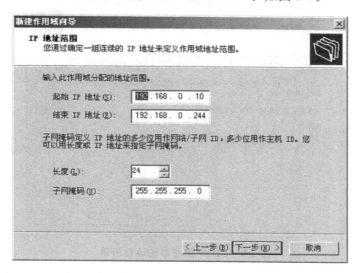

图 2-7　DHCP 服务器作用域的 IP 地址范围

⑥管理员可在下面的选项中输入欲保留的 IP 地址或 IP 地址范围;否则直接单击"下一步"。如图2-8。

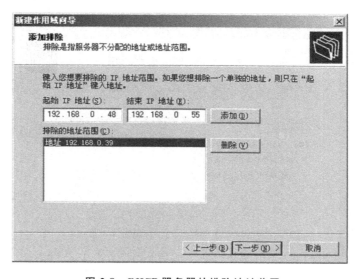

图 2-8　DHCP 服务器的排除地址范围

⑦下面的"租约期限"可设定 DHCP 服务器所分配的 IP 地址的有效期,比如设一年(即 365 天)。如图 2-9。

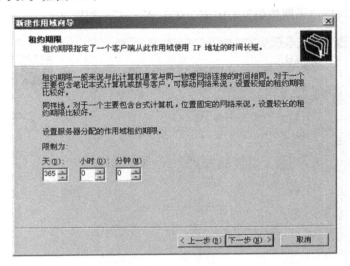

图 2-9　DHCP 服务器的地址租期

⑧可选择"是,我想配置这些选项"以继续配置分配给工作站的默认的网关、默认的 DNS 服务地址、默认的 WINS 服务器,再根据提示选"是,我想激活作用域",点击"完成"即可结束最后设置。也可以选择"否,我想稍后配置这些选项",如图 2-10 所示。

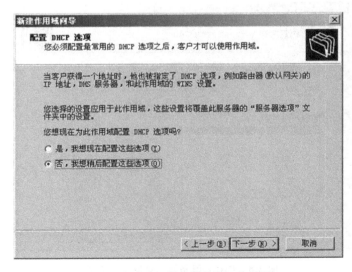

图 2-10　DHCP 服务器的进一步配置

图 2-11　DHCP 服务器

⑨右键点击"作用域",在弹出菜单中选择"激活",激活作用域。

(4)在 PC1 的"开始→运行"中输入 cmd,在"命令提示符"界面下输入 ipconfig/all 命令即可查看 DHCP 分配成功后的相关参数,同时也可以通过"ping $ip\_address$"的方式测试网络中工作站间的连通性。

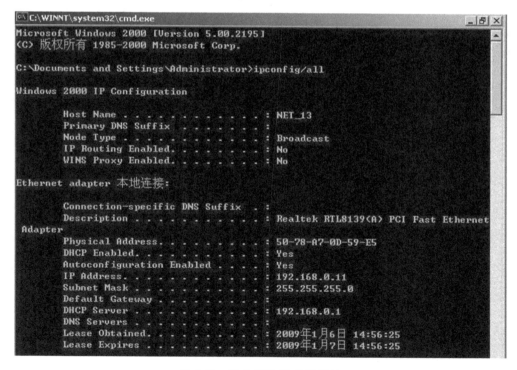

图 2-12　客户端的 IP 地址属性

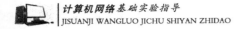

三、上机思考题

1. 为什么 PC1 没有获得地址池中第一个可分配的 IP 地址 192.168.0.10/24？

2. 如果网络中增加了若干台通过"自动获得 IP 地址"方式获取网络属性的 PC 机，请问是否有 PC 机会得到 192.168.0.20 的 IP 地址？对 PC 机的连通性会产生什么影响？

实验二　DNS 服务

一、实验目的

1. 了解域名与 IP 地址之间的关系。
2. 安装 DNS 服务。
3. 配置 DNS 服务器。

二、实验内容

1. 实验设备。

(1)锐捷 S2126G 交换机 1 台。

(2)PC 机 3 台,操作系统为 Windows 系列,装有 DHCP 服务和 DNS 服务。

(3)网线 3 条。

2. 实验环境。

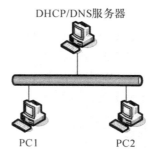

图 2-13　网络拓扑结构图

3. 实验步骤

(1)添加 DNS 和 DHCP。选"控制面板→添加/删除程序→添加/删除 Windows 组件→网络服务→选中:动态主机配置协议 DHCP→选中:域名服务系统 DNS"。

添加成功后,不需重新启动,即可在"开始→程序→管理工具"中看到并使用相关服务。如图 2-14。

注:很多电脑该功能已添加,无需重复添加。

图 2-14　DNS 服务

（2）网络属性设置。参考 DHCP 实验中的网络属性设置方法,为 DNS 服务器绑定 IP 地址为 192.168.0.10/24,其余两台 PC 机绑定的 IP 地址分别为 192.168.0.20/24 和 192.168.0.40/24,同时绑定首选 DNS 服务器地址为 192.168.0.10。

（3）网络属性设置后的验证。

①为了测试所进行的设置是否成功,可采用如下常用方法:进入 MSDOS 方式,选"开始→运行",输入"cmd"再"确定"。

②查看本机所配置的 IP 地址。输入"ipconfig/all"再回车,即可看到相关配置,也可以通过输入"ping *ip_address*"的方式来进行验证。

（4）DNS 的设置。

①打开 DNS 控制台,选"开始菜单→程序→管理工具→DNS"。

②建立域名"www.abc.com"映射 IP 地址"192.168.0.10"的主机记录。

• 建立"com"区域:选"DNS→WY(你的服务器名)→正向搜索区域→右键→新建区域",然后根据提示选"标准主要区域",在"名称"处输入"com"。如图 2-15。

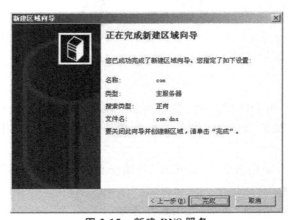

图 2-15　新建 DNS 服务

- 建立"abc"域。选"com→右键→新建域",在"键入新域名"处输入"abc"。
- 建立"www"主机。选"abc→右键→新建主机","名称"处为"www","IP 地址"处输入"192.168.0.10",再按"添加主机"。如图 2-16。

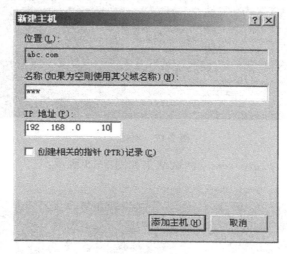

图 2-16　添加主机

③建立域名"ftp.abc.com"映射 IP 地址"192.168.0.20"的主机记录。

由于域名"www.abc.com"和域名"ftp.abc.com"均位于同一个"区域"和"域"中,均在上步已建立好,因此应直接使用,只需再在"域"中添加相应"主机名"即可。

④建立域名"www.xyz.com"映射 IP 地址"192.168.0.30"的主机记录,方法同上。

(5)为了测试所进行的设置是否成功,通常采用 Windows 自带的"ping"命令来完成。

以下操作可在本实验中任意主机上完成。

测试一:ping *www.abc.com*。测试结果如图 2-17 所示:

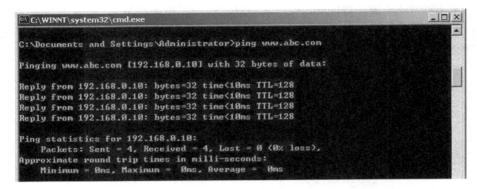

图 2-17　测试一

测试二：ping *ftp.abc.com*。测试结果如图 2-18 所示：

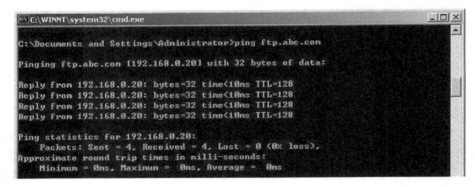

图 2-18　测试二

测试三：ping *www.xyz.com*。测试结果如图 2-19 所示：

```
C:\WINNT\system32\cmd.exe                                    _□×

C:\Documents and Settings\Administrator>ping www.xyz.com

Pinging www.xyz.com [192.168.0.30] with 32 bytes of data:

Request timed out.
Request timed out.
Request timed out.
Request timed out.

Ping statistics for 192.168.0.30:
    Packets: Sent = 4, Received = 0, Lost = 4 (100% loss),
Approximate round trip times in milli-seconds:
    Minimum = 0ms, Maximum = 0ms, Average = 0ms
```

图 2-19　测试三

测试四:ping *www.hello.com*。测试结果如图 2-20 所示:

图 2-20　测试四

测试五:ping *www.abc.com* 和 ping 192.168.0.10 的比较。测试结果如图 2-21 所示:

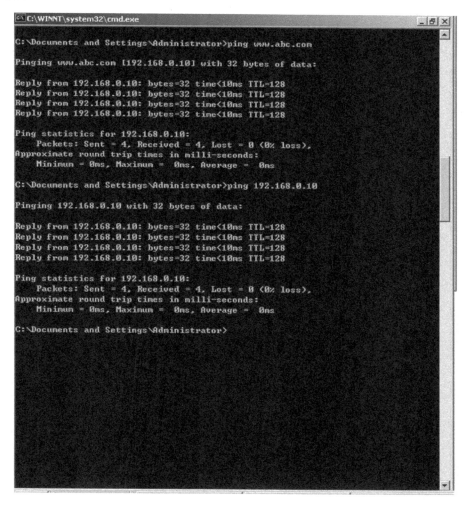

图 2-21　测试五

三、上机思考题

1.比较测试一、二、三、四结果的异同点及产生的原因。

2.分析测试五中两种结果的异同点及产生的原因。

第三章　网络应用服务

　　网络应用服务,是指依托于网络基础上提供给用户的各种服务,其实这也是网络存在的意义所在,如果一样事物不能给人们提供便利,那么它也失去了存在的必要。在早期,网络服务非常简单,最初的时候只有如 WWW 服务、FTP 服务、Email 服务和 Telnet 服务,这几种服务和上一章讲的 DHCP 服务还有 DNS 服务都基于网络模型中的应用层。随着网络的发展和人们需求的日益增加,网络应用服务的种类变得日益繁多起来,如流媒体服务,也就是日常生活中经常使用的在线视频服务、P2P 数据传输、在线聊天、在线游戏、在线购物等都可以理解成一种网络应用服务,而伴随这些服务的蓬勃发展互联网也变得越来越生机盎然。

3.1　Web 服务

　　Web 服务是一种服务导向架构的技术,通过标准的 Web 协议提供服务,目的是保证不同平台的应用服务可以交互操作。根据 W3C 的定义,Web 服务(Web service)应当是一个软件系统,用以支持网络间不同机器的互动操作。网络服务通常是许多应用程序接口(API)所组成的,它们利用网络如 Internet 的远程服务器端,执行客户所提交服务的请求。

　　Web 服务常用的平台为 Internet Information Services,简称 IIS,即互联网信息服务,是微软推出的一款互联网基本服务,在 Windows 操作平台中早期为 Win NT 的可选包,而在后来的 Windows 系列如 Windows 2000、Windows XP Professional、Windows 2003 中成了自带服务,它的出现使网络服务变得更加简单快捷。一般比较常见的版本为 IIS6.0。它包含了常用的几种网络应用服务:WWW 服务、FTP 服务、SMTP 服务和 NNTP 服务。

　　下面将介绍几种应用型较强的服务。

3.1.1 WWW 服务

WWW 服务即 Web 站点服务。WWW 服务是一种现在应用最多的 Internet

服务。它使用 HTML 协议进行信息的传送,使用户可以在客户端通过图形界面浏览、查找、访问各个机构提供在网络上的信息和服务。它使用客户端/服务器模型,一般用户通过浏览器来访问服务商提供的服务器,并在浏览器中打开服务商提供的网页信息,在 WWW 服务中除了可以浏览特定服务器上的信息外,还可以设置一个超级链接的功能,指向别的网址(服务器),帮助用户方便地定位链接网上的服务器。Web 服务以 http://方式进行访问。

WWW 服务依托的 HTTP 协议最早在 1996 年被定义,它是一个应用层协议,主要用来保证服务器与用户本地浏览器之间的信息传送,它定义了浏览器与服务器之间的通信规则。而被传送的信息则主要使用 HTML 语言来定义其结构和层次,浏览器通过使用 HTML 语言来显示 Web 页面的内容,后来 XML 为 Web 页面提供了更灵活和更强的编程方式。

首先来看一下 Hyper Text Transfer Protocol,Hyper Text Transfer Protocol 简称 HTTP 协议,即超文本传输协议,它基于 TCP 协议来进行数据传输,因为使用 TCP 协议可以确保不会出现数据重复、数据丢失、数据确认和长数据等问题。在早期的 HTTP1.0,全部过程非常简单,当浏览器访问时服务器与客户端之间的连接被建立起来,这时浏览器发送一个请求,服务器返回一个消息回应这个请求,然后 TCP 连接就会被断开,当需要传输其他数据时再次建立连接。之所以这样设计是因为在早期的 Web 页面中往往只包含简单的文本信息而不包含如大量的图片等其他信息,随着网络的发展 Web 页面往往很少只包含文本信息,而建立一次连接只传送一次数据的控制开销非常大,所以在 HTTP1.0 的版本基础上人们定义了 HT-TP1.1 版本。这个版本支持持续连接,通过这种连接,可以在一个连接被建立,第一次请求发送并得到响应之后,可以发送更多的请求并得到更多的响应,因为这次 TCP 连接建立之后并没有被释放。由于在这种传输中 TCP 连接的消耗降低,所以具有更高的效率。

然后来看一下 Hypertext Markup Language,Hypertext Markup Language 简称 HTML,即超文本标注语言,是用于描述网页文档的一种标记性语言。它规定了用户在编写 Web 页面时可以使用的文本、图形和指向其他页面的指针即超链接的格式等。由于 Web 页面最终需要在浏览器上显示,HTML 就需要在定义中规定各种文本需要按照怎样的格式进行显示,这样就需要一定的标识符来告诉浏览器下面的文本应该怎样显示,比如表示后续的文字以粗体的形式进行显示,而表示粗体文字结束。这样浏览器只需要按照 HTML 的规定直接将各种文档进行规范的输出就可以了。但对于不同的浏览器有时会出现对同一标识符理解不同的情况,这样就造成了同样的网页在不同的浏览器上可能会有不同的显示效果。

HTML 在定义时不包含任何结构性的内容而只是把内容和格式混合在一起,

但随着网络的发展越来越多的应用需要在页面中处理一些结构性的问题,比如需要知道某一个数据在哪个位置,所以在此基础上出现了 eXtensible Markup Language。eXtensible Markup Language 简称 XML,即可扩展标记语言,它与 HTML 有着很多区别:首先,它的目的是为了传输数据,而 HTML 的目的是为了显示数据;其次,XML 的核心是数据的内容,而 HTML 的核心则是数据的显示;再次,在语法上 XML 继承了 GML 的优点,十分的严格,而 HTML 则在这方面相当宽松。

随着大批量移动设备的出现,手机、PDA 等不是电脑的设备均支持 Web 的访问,这使得大规模的浏览器在这种相对来说内存较小的设备上无法较好的工作,所以国际标准机构定义了 eXtensible Hypertext Markup Language。eXtensible Hypertext Markup Language 简称 XHTML,即可扩展超文本标记语言,这种语言本质上是用 XML 来表示 HTML 的内容,它通过类似 XML 一样严格的规定来使跨平台和跨浏览器的显示变得更加的准确,所以有着更好的适用性,开发者期待它取代现行的 HTML。

由于 HTML 的定义使得它本身不关注用户做了些什么和用户曾经做过什么,而有时用户会重复的做一些同样的访问,单纯的 HTML 在处理这样的情况时就变得并非十分方便,所以工程师开发了 Cookie 技术,这种技术依托于 HTML 存在,它通过在服务器或客户端维持一个文件的方式来提高用户的访问体感,本质上它是一个小型的脚本程序。当启用 Cookie 时浏览器会自动地记录用户访问的一些网站的信息,如网站的内容和用户填写的表单,当下次再次需要填写同样的表单时 Cookie 会自动帮用户填写,同样当用户第二次访问同一个网站时发送给网站的请求中将包含上次访问所产生 Cookie 的时间,这样当网站对比时间发现没有更新时会直接通知浏览器显示上次获得的数据。所以 Cookie 在一定程度上提高了工作的效率和提升了用户在上网时所获得的体验。但由于 Cookie 保留用户的个人信息也就是保存了用户一定的隐私,导致会有针对这方面的窃取隐私的安全问题。同样由于 Cookie 会在每一个 HTML 请求中附加信息,所以它也在无形中造成了流量的增加。因此 Cookie 技术一直存在着很大的争议,但在日常应用中大多数人还是享受着 Cookie 带来的便捷。

3.1.2 FTP 服务

FTP 服务是通过 File Transfer Protocol 进行文件传输的服务,是最早的 Internet 服务功能之一。File Transfer Protocol 简称 FTP 协议,即文件传输协议,它是为了在不同计算机之间传输文件而开发设计的。FTP 采用客户机/服务器模型,将 Internet 上的用户的文件传送到服务器上(上传)或者将服务器上的文件传送到本地计算机中(下载)。FTP 服务由 TCP/IP 的文件传输协议支持,采用匿名和注册两种方式进行登陆。服务器端一般采用 20 和 21 两个端口进行服务,其中 20 号端口用来在客户端和服务器之间传输数据,而 21 号端口则用来传输控制命令。FTP 服务在传输时与客户端和服务器采用的系统无关,因为即使系统不同 FTP 协议都是相同的,所以该服务可以跨平台进行数据传输。

FTP 协议在工作时有两种模式:主动模式和被动模式。主动模式在工作时,首先会在客户端随机打开一个端口,这个端口的端口号一般大于 1024,假设该端口为 X,然后建立一个 FTP 进程连接到服务器的 21 号端口,接着客户端监听 X+1 端口并向服务器发送命令通知服务器客户端已准备就绪,服务器接到请求后打开服务器的 20 号端口与客户端的 X+1 端口进行建立连接的操作,当客户端确定连接已建立后会通知服务器连接建立成功,这时就可以进行数据的传输了。而被动模式在开始的时候与主动模式相同,但建立连接后发送的不是端口命令,而是被动命令。FTP 服务器收到被动命令后,随机打开一个高端端口(端口号大于 1024)并且通知客户端在这个端口上传送数据的请求,客户端连接 FTP 服务器此端口,然后 FTP 服务器将通过这个端口进行数据的传送,这个时候 FTP 服务器不再需要建立一个新的端口和客户端之间的连接。

早期的 FTP 一般采用命令的形式进行登录,在命令终端中以 ftp://方式进行访问,然后通过各种命令进行操作。随着网络的普及,由于这种方式并不是十分方便,于是出现了很多 FTP 工具,如 FlashFXP 和 CuteFTP 等,这类软件的出现极大程度上方便了用户的使用。

3.1.3 电子邮件服务

电子邮件服务是 Internet 中目前使用最频繁最广泛的服务之一,利用电子邮件不仅可以传送文本信息,还可以传送声音、图像等信息。与传统的邮件相比,电子邮件具有效率高、速度快、成本低廉等特点。电子邮件服务有两种服务器类型:发送邮件服务器(SMTP 服务器)和接收邮件服务器(POP3 服务器)。Email 地址中"@"后的字符串就是一个 SMTP/POP3 服务器名称。

电子邮件服务使用 Simple Mail Transfer Protocol、Post Office Protocol-Version3 和 Internet Message Access Protocol 三个协议。

Simple Mail Transfer Protocol 简称 SMTP 协议,即简单邮件传输协议,在电子邮件服务系统整体中充当了一个邮局的角色。它是一个相对简单的基于文本的协议,它监听服务器的 25 号端口。当有源主机到服务器的连接建立之后,它确保接收消息并将这个消息投递到目的邮箱中,在这个过程中源主机实际上有两种情况:一种是源主机就是邮件的撰写者即客户;另一种是源主机也是一台其他的邮件服务器。如果这封邮件不能被顺利的投递,SMTP 协议将向源主机返回一个错误报告。SMTP 协议在底层依靠 TCP/IP 协议进行传输,当跨服务器进行传递时和上一章讲到的一样使用 DNS 系统对服务器的名称进行解析,在工作时 SMTP 协议主要使用 25 号端口进行工作。

Post Office Protocol-Version3 简称 POP3 协议,即邮局协议版本 3,它主要用于支持用户管理服务器上的邮件。它是一个支持离线的协议,用户通过使用 POP3 协议可以从邮件服务器上将自己的邮件下载到本地上来进行阅读、删除以及回复等操作,这样用户不用在服务器上进行此类操作,从而避免了用户为了操作邮件必须一直连接到 Internet 的问题。POP3 协议在工作的时候同样使用 TCP/IP 协议进行传输。它在工作的时候实际上由三个部分组成:第一个部分是授权部分,即用户的登录过程,在这个过程中客户将自己的用户名和密码发送到服务器上供服务器进行验证;第二部分是处理部分,在这个过程中用户可以通过命令来查询和获取服务器上的邮件,同时在服务器上的邮件将被标记成为删除状态;第三部分是更新部分,当 POP3 进入更新部分时 POP3 服务器将真正删除用户的邮件。随着技术的发展 POP3 中引入了两种模式:一种是删除模式,即在一次读取邮件后读过的邮件将被删除,而另一种是保留模式,即服务器将保存用户读过的邮件。

Internet Message Access Protocol 简称 IMAP 协议,即交互式数据消息访问协议,它和 POP3 协议一样同样是用于管理用户如何在服务器上操作邮件的协议。它的出现是因为 POP3 在设计时由于当时的网络环境相对简单,计算机的数量并不是特别多,所以人们一般都会在固定的 PC 上进行邮件的访问,而随着网络的发展越来越多的计算机被生产应用,用户可能在单位、家中或者出差的途中都需要访问邮件系统,虽然 POP3 也可以满足这种需求,但在每次数据交互时 POP3 均需要下载所有的消息,这就会导致用户的邮件被分布在很多的电脑上,这就造成了用户在使用时的不便,所以定义了 IMAP 协议。相对于 POP3 协议来说 IMAP 有以下特点:第一,IMAP 支持连接和断开两种模式,POP3 在数据传递之后就会断开连接,而 IMAP 只要是用户处于活动状态就不会断开连接;第二,POP3 是采用一种——对应的关系即在同一时间一个邮箱只能被建立唯一的连接,而 IMAP 则不然,它支持很多用户同时访问同一邮箱;第三,IMAP 支持部分收取邮件,即不下载邮件的全部内容而只是下载其中的一部分;第四,IMAP 支持服务器保留邮件信息,即邮件是否被阅读回复等等,这样当多用户同时访问时可以看到其他用户做的操作;第五,IMAP 具有良好的可扩展性,由于吸取了其他协议的制定经验,在制定时 IMAP 就已经明确定义了其扩展的机制;第六,IMAP 提供了服务器搜索功能,即用户无需下载所有的邮件信息就可以通过命令直接在服务器的邮件中搜索给定的信息。虽然 POP3 协议的功能相对来说简单,而 IMAP 协议相对来说功能强大,但 POP3 的适用性和健壮性非常好,所以虽然人们开发了 IMAP 系列协议但 POP3 协议仍有较大的应用空间。

下面看一下完整的电子邮件服务工作流程,假设使用 163 邮箱的张三给使用

Gmail 的李四写了一封邮件,那么这封邮件实际上是从"张三@163.com"到"李四@gmail.com"的一封邮件传输。首先,张三撰写好了邮件并将这个信息发送给了163 邮箱的 SMTP 服务器,即 smtp.163.com,在这个过程中 163.com 邮箱服务器使用 SMTP 协议监听自己的 25 号端口,当它发现张三发送信息过来之后接收该封邮件。然后,163 邮箱服务器获取了收件人的地址"李四@gmail.com"之后会将这个地址分成两个部分,第一部分是用户的姓名李四,第二部分是域名 gmail.com,因为这个域名并不是 163.com 本身,所以服务器将查询 DNS 服务器对 gmail.com 进行解析来得到 IP 地址。接着,163 服务器会通过 25 号端口与 gmail.com 的 SMTP 服务器建立连接,并将该邮件传输给 gmail.com 邮箱的 SMTP 服务器。当 gmail.com 接收到这封邮件后会查看这封邮件的目的用户即李四,并将这封邮件转到自己的 POP3 服务器中,服务器会将这封邮件发送到李四的邮箱中等待李四阅读。最后李四通过 POP3 协议访问邮箱下载并阅读张三发给他的邮件。

3.1.4 Telnet 服务

Telnet 远程登陆在网络通信协议 Telnet 的支持下,使用户的计算机通过 Internet 暂时成为远程计算机的终端。一旦登陆成功,用户可以实时使用远程计算机对外开放的全部资源。

Telnet 协议同样使用 TCP/IP 协议进行数据传输,它是早期 Internet 上远程登录的主要方式,同时也是早期的标准协议,它为用户提供了远程访问其他电脑的手段,主要用于早期的网页服务器控制。Telnet 在使用时通过协议连接到目的主机或服务器,然后通过用户名和密码的方式验证身份,验证成功后用户就可以通过客户端对主机进行访问。Telnet 协议在传输时默认端口号为 23 号端口,不同于 SMTP 协议等其他协议,Telnet 在传输命令和数据时均使用 23 号端口,为了实现这一功能,Telnet 协议将命令直接在数据流中进行发送。Telnet 在用户认证时采用明文传输,所以在安全性上有一定的隐患,再加上早期设计的环境简单,考虑的情况比较少,所以现在大多数情况使用的是 SSH 实现同样的目的。Telnet 现在的主要用户是一些纯文字式的 BBS 服务器。

3.1.5 BitTorrent 服务

BitTorrent 服务是一种网络中划时代的产物,在它出现之前数据的传输都是使用 HTTP/FTP 协议,这两种协议都基于 TCP/IP 协议,而这两种协议在传输模式中都使用 C/S 模式,这样数据传输的效率主要受到服务器带宽和用户量的双重限制,早期的 10M 网络服务器提供的个人下载带宽一般都会控制在 100K 以内,防止用户量过多造成速度过慢。2001 年 4 月,美国程序员 Bram Cohen 发布了 BitTorrent 软件,彻底改变了互联网下载的方式。

BitTorrent 协约同样使用底层的 TCP/IP 协议,但它是一个 P2P 的文件传输协议。它的工作原理是：对于服务器来说，下载文件的发布者会根据文件生成一个.torrent 文件，这个文件被称为种子文件，也被称为种子，这个文件实际上是一个文本文件，包含了下载服务器的相关信息和文件信息两部分，然后发布者将这个文件发布出去。对于客户来说，当用户想要下载该文件时首先下载种子文件，然后用 BT 软件将种子文件打开从而获得服务器和文件的信息，这时客户可以通过服务器的信息对服务器申请建立连接，当连接建立好了之后服务器会反馈给客户下载者的 IP 地址，注意这里的 IP 地址包括服务器本身，客户再连接其他下载者进行下载。当客户与其他下载者进行连接时，双方会交换各自已经下载的部分文件信息，然后双方互相交换没有的数据，这样每一个客户都同时充当服务器和下载者的身份，在客户与非初始服务器进行数据交流时不需要经过初始服务器，这样初始服务器的负载就会大幅度地降低。这个模式不同于传统的下载模式，并不是所有的客户下载到的数据都是服务器直接提供的，相比传统模式下客户端一般都是处于下载模式，其上行带宽一般处于闲置状态，BitTorrent 所采用的方式充分利用了网络资源，其本质是一种"人人为我，我为人人"的互联网共享模式。

BitTorrent 的工作原理仍然有一定的局限性，那就是如果服务器关闭，任何人都将不能开始新的下载过程，为了解决这一问题，在 BitTorrent 的基础上开发了 DHT 等技术。DHT 技术全称为 Distributed Hash Table 即分布式哈希表，这种技术是一种分布式的存储方法，在不需要服务器的情况下，每个客户端负责一个小范围的路由，并负责存储一小部分数据，从而实现完整的 DHT 网络寻址和存储。使用支持该技术的 BT 下载软件，用户无需连上服务器即可开始下载过程，这是因为软件会在 DHT 网络中寻找下载同一文件的其他用户并与之通信，然后开始下载任务。现在常用的迅雷和 eMule 等软件都是在这一系列技术上发展起来的。

3.2　流媒体服务

3.2.1　流媒体概述

随着宽带化成为建设信息高速网络架构的重点，许多城市的城域网从接入到核心各个部分都实现了宽带化，架构了以 IP 为基础的无阻塞数据承载平台。网络的宽带化不仅使人们在宽阔的信息高速路上更顺畅地进行交流，使网络上的信息不再只是文本、图像或简单的声音文件，而且使人们越来越希望宽带网络能带来更直观更丰富的新一代的媒体信息表现，"流媒体（Streaming Media）"便由此孕育产生了。

所谓的媒体是指信息的载体，即被借助用来实现信息交换、传递和获取的介质，这种介质可以是工具、渠道、载体、中介物或技术手段。它既可以是承载信息的物体，也可以是存储、呈现、传递信息的实体。从其形式上可以包含如：文本、图形、图像、音频、视频和动画等,而从其传输上来说可以是报纸、广播、电视、互联网、杂志、手机以及邮件等。所谓流媒体是一种在互联网上传播多媒体的技术,要想了解流媒体技术,首先需要知道什么是多媒体。从广义上讲,多媒体指的是能传播文字、声音、图形、图像、动画和电视等多种类型信息的手段、方式或载体。包括电影、电视、CD-ROM(compact disc read-only memory)、VCD、DVD(digital versatile disc)、电脑、网络等。从狭义上讲,专指融合两种以上"传播手段、方式或载体"的人机交互式信息交流和传播的媒体,或者说是指在计算机控制下把文字、声音、图形、影像、动画和电视等多种类型的信息,混合在一起传播的手段、方式或载体,如多媒体电脑、因特网等。当多媒体出现后它就一点点的取代了传统媒体在传播领域的主导地位。

从前,多媒体文件需要从服务器上下载后才能播放,一个1分钟左右的较小的视频文件,在56K的窄带网络上至少需要30分钟时间进行下载,这使得传统的多媒体在网络上的传播收到了很大的限制。"流媒体"不同于传统的多媒体,它的主要特点就是运用可变带宽技术,以"流"(Stream)的形式进行数字媒体的传送,使人们在从28K到1200K的带宽环境下都可以在线欣赏到连续不断的高品质的音频和视频节目。在互联网大发展的时代,流媒体技术的产生和发展必然会给日常生活和工作带来深远的影响。

(1)流媒体的定义。Streaming Media即流媒体是一种新兴的网络传输技术,它是一种可以在互联网上实时顺序地传输和播放视频或音频等多媒体内容的技术,流媒体技术包括流媒体数据采集、视频或音频编解码、存储、传输、播放等领域。

一般来说,"流"包含两种含义,广义上的"流"是使音频和视频形成稳定和连续的传输流和回放流的一系列技术、方法和协议的总称,习惯上称之为流媒体系统;而狭义上的"流"是相对于传统的下载—回放(Download-Playback)方式而言的一种媒体格式,它能从Internet上获取音频和视频等连续的多媒体流,客户可以边接收边播放,使延时大大减少。

相比传统的下载方式,流媒体具有以下优点:首先,传统方式需要下载全部内容之后才可以播放文件,而流媒体只需要缓冲一定的内容之后就可以开始进行播放的工作;其次,传统媒体由于需要下载全部文件到本地,所以需要较大的空间进行存储,而流媒体技术只需要缓冲一定规模的文件即可,并不需要在本地磁盘上存储完整的文件;第三,传统媒体无法实现现场直播形式,而流媒体可以实现现场直播进行实时数据传播。

(2)流媒体的组成。建立一个完整的流媒体系统需要包含以下部分:第一,服务器,服务器用来管理并传送大量多媒体内容,由于流媒体在传输的过程中仍需要有原始文件的存在,所以必须拥有服务器来对所有的文件进行管理;第二,编码器,编码器可整合多媒体并以互动方式呈现,原始的媒体文件可能并不是符合流媒体传送规则的文件,所以需要将各种媒体进行编码使其符合流媒体的规则;第三,转档、转码工具,用于压缩转档;第四,播放器,客户端将二进制流信号转化为可供用户直接欣赏的多媒体信号。另外还有许多不同的多媒体制作工具。

流媒体在传输时有两种方式,一种是顺序流式传输,另一种是实时流式传输。顺序流式传输是顺序下载,在下载文件的同时用户可以观看,但是,用户的观看与服务器上的传输并不是同步进行的,用户是在一段延时后才能看到服务器上传出来的信息,或者说用户看到的总是服务器在若干时间以前传出来的信息,在这过程中,用户只能观看已下载的那部分,而不能要求跳到还未下载的部分。顺序流式传输比较适合高质量的短片段,因为它可以较好地保证节目播放的最终质量。严格意义上讲实际上它是一种点播技术。实时流式传输则是一种保证媒体信号带宽与网络连接配匹,使媒体可被实时观看到的传输方式。实时流式传输需要专用的流媒体服务器与传输协议。实时流式传输总是实时传送,特别适合现场事件,也支持随机访问,用户可快进或后退以观看后面或前面的内容。实时流式传输必须配匹连接带宽,这意味着在以调制解调器速度连接时图像质量较差。而且,由于出错丢失的信息被忽略掉,当网络拥挤或出现问题时,视频质量很差。如欲保证视频质量,顺序流式传输也许更好。实时流式传输需要特定服务器,这些服务器允许用户对媒体发送进行更多级别的控制。

一个完整的流媒体平台包括流服务应用软件、集中分布式视频系统、视频业务管理媒体发布系统、视频采集制作端系统、媒体内容检索系统、数字版权管理(DRM)、媒体存储系统、客户端系统等。

(3)流媒体的应用。随着流媒体的发展,它的应用已经远远超过了最初设计的在线多媒体播放功能。现在流媒体技术在新闻发布、电子商务、在线直播、广告、远程教育、视频点播、远程医疗、网络电视、实时视频会议等领域均取得了广泛的应用。下面简单看一下在各个领域的应用:

①新闻发布领域:在互联网普及以前,新闻信息发布主要通过报纸、电视和广播等传统媒体,但这些传播方式各有缺点:报纸在传播新闻信息的时候只能以文字和少量的图片方式存在,不能为用户提供丰富的视频信息以致用户无法产生直观的感受;电视在传播时往往受到时间因素的限制,虽然电视可以提供视频这种直观的方式,但电视无法在任何时刻都播出实时的新闻,所以在传播时有一定的滞后性;而广播是一种相对于电视来说更古老的方式,它有着电视一样的缺点,同时它还不能提供直观的信息方式。在互联网普及后网络新闻平台渐渐的改变了传统的新闻发布方式,网络新闻大体上采取和报纸类似的方式主要以文字和图片配合少量的视频进行消息的传播,与报纸不同的是它在图片的数量篇幅上由于没有版面

问题,所以相对受到的限制较小,同时它在发布的效率上大幅度提高,只要有新的消息立即就可以在网络上出现,不用像报纸和电视一样受到发行时间或者节目时间的限制,但在早期由于流媒体技术不成熟仍然无法大量的使用视频信息。流媒体普及使得网络新闻发布的方式有了巨大的变化,流媒体可以像电视一样给用户带来大量的视频信息,但它不像电视一样受到节目时间安排的限制,只要有新闻就可以立即发布,从而给用户带来了第一手的资讯。

②电子商务领域:电子商务领域也是伴随着互联网兴起的热门应用之一,在流媒体没有普及的年代,电子商务只能通过双方的互相描述以及图片进行货物信息等消息的交流,而随着流媒体技术的发展,它为电子商务的双方提供了更直接准确的信息传递,减少了在描述等方面由于交流而产生的误解,从而极大地促进了电子商务的发展。

③在线直播领域:作为伴随着流媒体产生的一种新型的网络应用,在线直播为互联网用户提供了全新的感受。传统的电视直播由于受到频道等各方面硬件条件的限制往往在同时发生的类似直播事件中只能选择其中的一件进行直播,在线直播则有着更多的可选择性,对于在线直播来说每增加一组直播往往只是意味着增加一组主播,而不是一整套完整的直播设备,所以在在线直播中用户可以得到更多的选择空间。

④广告领域:流媒体在广告领域中起到的作用就像早些年电视在广告领域中起到的作用一样,但由于网络普及率的提高异常迅猛,流媒体广告对广告业带来的冲击比电视更大,在电视广告中平台的投放率并不是非常的高,而作为流媒体广告往往是伴随着其他网页等进行推送的,这就使得流媒体广告被用户接收的频率远远超过了电视广告。同时电视广告时间的短暂造成了广告成本偏高,流媒体广告却由于成本的低廉得到了广告商的青睐。

⑤远程教育领域:在流媒体技术大范围普及前,远程教育往往采用的是一种非"面对面"的方式,即老师录制好自己授课的视频,然后在网络上发布。学生在指定的网站上下载对应的视频来观看老师的教学。这种方式无法在老师和学生之间建立起互动的机制,而互动的机制又是取得良好授课效果所必需的条件之一,在流媒体出现后,单向甚至双向视频信息的即时传送使得学生可以即时的获得老师授课的信息,可以在第一时间与老师互动,达到一种"面对面"的效果,从而使远程教育真正落到了实处。

⑥视频点播领域:这个方面的应用于在线直播和网络电视一样都是在流媒体的兴起后出现的网络应用。现在很多主流的在线视频软件往往将三者整合提供给用户,严格讲三者并不相同:在线直播主要是和电视直播一样为用户提供了不同于电视信号的直播方式,而视频点播则是为用户提供了大量视频进行选择,网络电视

则是将电视信号转化成网络信号在网络上进行传播。视频点播主要是为用户提供了全新的视频来源,这样用户不需要专门的去购买 DVD 碟片等其他的视频载体,只需要在网络上直接通过视频点播软件进行点播即可获得用户想要欣赏的视频节目。

⑦远程医疗领域:由于医生职业性质的特殊性使得经验对于医生的能力有着至关重要的影响,而简单的检查及操作又是绝大多数医生可以具备的基本能力,这就使得远程医疗有了充分的用武之地。远程医疗可以使得部分疑难杂症的患者在不需要长途跋涉的前提下即可获得专家的诊断,这是在流媒体技术出现前无法实现的。同样对于一些不方便行动的患者,远程医疗可以使得他们在家中即可获得医生的诊断服务,从而为患者带来了大量的便利。而另一方面,对于医院来说,远程医疗可以使得到医院就诊的人数得到降低,这样也有利于避免如交叉感染、拥挤以及排队等待等各种人群密集带来的问题。

⑧网络电视:在前面提到过它也是流媒体所衍生出来的一种网络应用,主要是将传统的电视信号转变成电脑信号,使得用户可以通过网络欣赏电视节目,这样可以在成本上有一定的节省。

⑨实时视频会议:实时视频会议对于办公领域来说是一个极大的创新,这种方式,第一,降低了各种出差的经济成本;第二,降低了出差所带来的时间成本消耗;第三,因为更加灵活,使得会议时间变得更有弹性;第四,相对于早期的电话会议这种方式更具有直观的效果。

3.2.2 流媒体技术

(1)缓冲技术。在理想的网络模型中,流媒体数据包进行实时顺序传输不需要在客户端做任何的缓冲,但由于在实际的网络情况中,数据包无法保证数据的顺序传输,同时也无法保证数据的连续匀速传输,所以需要在客户端设置缓冲区来弥补网络传输的不足。流媒体在传输时会在客户端形成缓冲区,这样可以将得到的数据进行按顺序重组,使得其在播放时不会出现播放顺序错误,同时缓冲区可以进行一定规模的文件保存,这样可以保证在网络状态不稳定的时候用户可以得到相对流畅的播放效果。

(2)媒体传输流程。流媒体的具体传输流程如下:

①Web 浏览器与 Web 服务器之间使用 HTTP/TCP 交换控制信息,以便把需要传输的实时数据从原始信息中检索出来。

②用 HTTP 从 Web 服务器检索相关数据,A/V 播放器进行初始化。

③从 Web 服务器检索出来的相关服务器的地址定位 A/V 服务器。

④A/V 播放器与 A/V 服务器之间交换 A/V 传输所需要的实时控制协议。

⑤一旦 A/V 数据抵达客户端,A/V 播放器就可以播放了。

（3）流媒体传输协议。流式传输的实现需要合适的传输协议。TCP 需要较多的开销，故不太适合传输实时数据。在流式传输的实现方案中，一般采用 HTTP/TCP 来传输控制信息，而用 RTP/UDP 来传输实时多媒体数据。流媒体在传输时主要用到以下协议：

Real-time Transport Protocol 简称 RTP 协议，即实时传输协议，它与 Real-time Transport Control Protocol 简称 RTCP 协议，即实时传输控制协议为姐妹协议，二者均基于 UDP 协议。在使用这组协议进行数据传播时 RTP 使用偶数端口号，而 RTCP 则使用 RTP 端口号加 1 的端口号，在数据传输时二者分别从上层接受流媒体数据和传输控制信息进行封装和发送。RTP 只负责数据的封装和发送，在协议中无任何流量控制和拥塞控制等控制信息，这些控制信息均由 RTCP 协议负责。二者均能以有效的反馈和最小的开销使传输效率最佳化，因而特别适合传送网上的实时数据。

Real Time Streaming Protocol 简称 RTSP 协议，即实时流传输协议，该协议由哥伦比亚大学、RealNetworks 和 Netscape 共同提出，该协议定义了一对多应用程序如何有效地通过 IP 网络传送多媒体数据。RTSP 和 HTTP 非常类似，同样是一个客户端/服务器模式的协议，HTTP 协议用来传输 HTML 代码，而 RTSP 传送的是多媒体数据，RTSP 是主要用来控制声音或影像的多媒体串流协议，并允许同时多个串流需求控制，传输时所用的网络通信协定并不在其定义的范围内。RTSP 在体系结构上位于 RTP 和 RTCP 之上，它使用 TCP 或 RTP 完成数据传输。

Resource Reservation Protocol 简称 RSVP 协议，即资源预留协议，它是一个通过网络进行资源预留的协议，是为实现综合业务网而设计的。RSVP 要求接收者在连接建立之初进行资源预留，它必须支持单播和多播数据流，并具有很好的可伸缩性和强壮性。主机或者路由器可以使用 RSVP 满足不同应用程序数据流所需的不同的服务质量（QoS）。RSVP 定义应用程序如何进行资源预留，并在预留的资源不用时如何进行预留资源的删除。RSVP 将会使得路径上每个节点都进行资源预留。

实验一　IIS 服务

一、实验目的

1. 安装 IIS 服务。
2. 建立 WEB 站点。
3. 建立 FTP 服务。

二、实验内容

1. 实验设备。
(1) 锐捷 S2126G 交换机 1 台。
(2) PC 机 3 台,操作系统为 Windows 系列,装有 IIS 服务。
(3) 网线 3 条。
2. 实验环境。

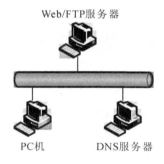

图 3-1　网络拓扑结构图

3. 实验步骤。
(1) IIS 的安装。选"控制面板→添加/删除程序→添加/删除 Windows 组件,
选中"Internet 信息服务(IIS)"项。

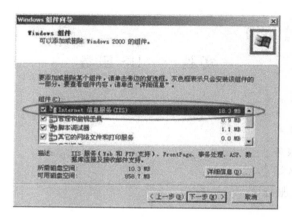

图 3-2　IIS 安装

添加成功后,不需重新启动,即可在"开始→程序→管理工具"中看到并使用相关服务。如图 3-3。

图 3-3　IIS 服务

（2）网络属性设置。参考第二章实验中的网络属性设置方法,根据本实验网络拓扑结构图中提供的相关信息设置 Web/FTP 服务器、DNS 服务器和 PC 机的网络属性。PC 机注意"首选 DNS 服务器"选项的参数。

（3）WEB 站点"www. abc. com"的设置。

①打开 IIS 管理器。选"开始菜单→程序→管理工具→Internet 服务管理器"。如图 3-4。

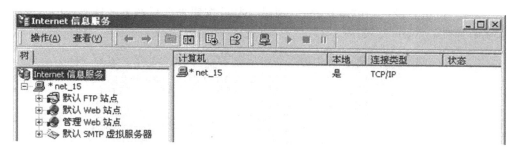

图 3-4　IIS 界面图

②打开"默认 Web 站点"的属性设置窗口。选"默认 Web 站点→右键→新建→Web 站点"。

③设置"Web 站点"。

a. 设置"说明"。可填入对该站点的说明,说明只起提示作用,如 Web Site 1。

b. 设置"IP 地址":选"192.168.0.10"(DNS 中与 www.abc.com 对应的 IP 地址);"TCP 端口"维持原来的"80"不变。如图 3-5。

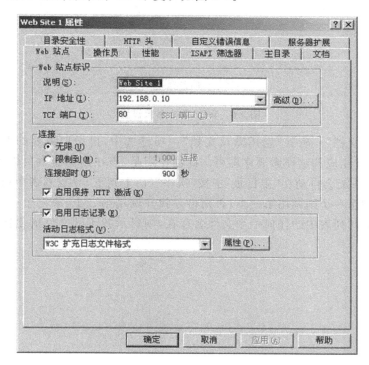

图 3-5　WEB 站点属性设置

c. 设置"主目录"。在"本地路径"通过"浏览"按钮来选择网页文件所在的目录，本例中为"D:\www"。如图 3-6。

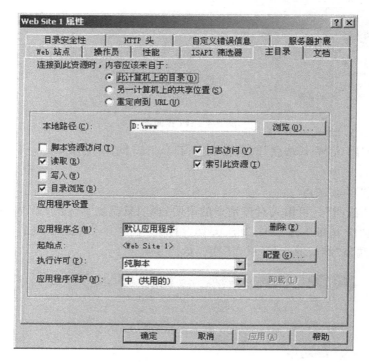

图 3-6　WEB 站点目录设置

d. 设置"文档"。确保"启用默认文档"一项已选中，再增加需要的默认文档名 index.html 并相应调整搜索顺序即可。此项作用是，当在浏览器中只输入域名(或 IP 地址)后，系统会自动在"主目录"中按"次序"(由上到下)寻找列表中指定的文件名，如能找到第一个则调用第一个；否则再寻找并调用第二个、第三个……如果"主目录"中没有此列表中的任何一个文件名存在，则显示找不到文件的出错信息。设置如图 3-7。

图 3-7　WEB 站点主页设置

e. 其他项目均可不用修改，直接按"确定"即可，这时会出现一些"继承覆盖"等对话框，一般选"全选"之后再"确定"即最终完成"默认 Web 站点"的属性设置。如图 3-8。

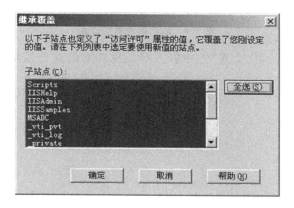

图 3-8　WEB 站点继承设置

④"http://www.abc.com"的测试。

在服务器或任何一台工作站上打开浏览器,在地址栏输入"http://www.abc.com"再回车,如果设置正确,应就可以直接调出需要的页面。

(4)FTP 站点"www.abc.com"的设置。

①打开"默认 FTP 站点"属性窗口。选"默认 FTP 站点→右键→新建→FTP 站点"。

②设置"FTP 站点"。在"IP 地址"处选"192.168.0.10"(与 DNS 中与 www. abc.com 对应的 IP 地址),端口号保持默认值"21"不变。如图 3-9。

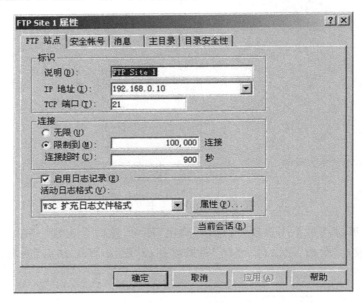

图 3-9 FTP 站点属性设置

③设置"消息"。在"欢迎"框中输入登录成功后的欢迎信息,"退出"中为退出信息。如图 3-10。

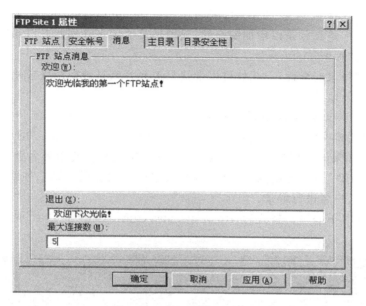

图 3-10　FTP 站点消息设置

④设置"主目录"。在"本地路径"中按"浏览"按钮选择目标目录"D:\www"。如图 3-11。

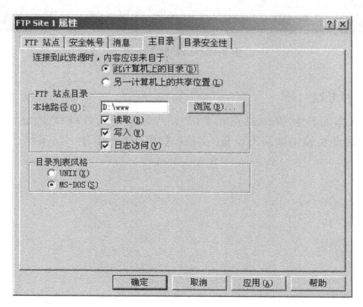

图 3-11　FTP 站点主目录设置

⑤设置"安全帐号"。默认的,匿名用户(Anonymous)被允许登录,如果有必要,此处可选拒绝其登录以增加安全性;或增加其他用于管理此 FTP 服务器的用户名(默认的为"Administator")。

⑥设置"目录安全性"。此处可以设置只被允许或只被拒绝登录此 FTP 服务器的计算机的 IP 地址。

⑦"ftp://www.abc.com"的测试。

a.在浏览器中登录。格式为"ftp://www.abc.com"或"ftp://用户名@www.abc.com"。如果匿名用户被允许登录,则第一种格式就会使用匿名登录的方式;如果匿名不被允许,则会弹出选项窗口,供输入用户名和密码。第二种格式可以直接指定用某个用户名进行登录。

b.在 DOS 下登录。格式为"ftp www.abc.com"。如图 3-12 所示。

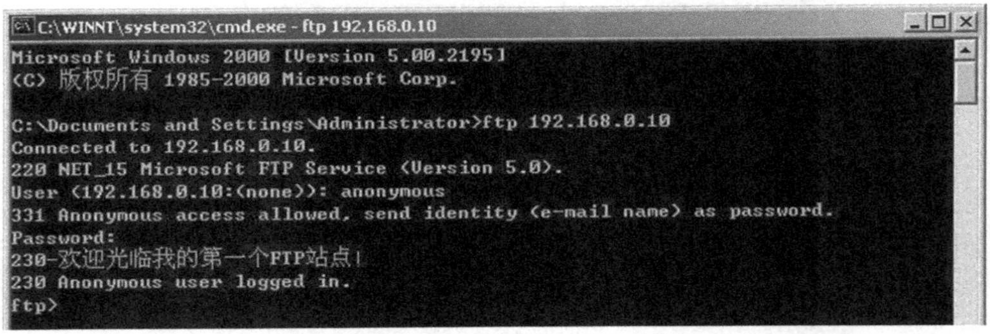

图 3-12　FTP 站点访问

三、上机思考题

1.为什么本实验中 Web 站点和 FTP 站点可共用域名和 IP 地址?

2.Web 站点实验中如果不设置"文档"选项卡会产生什么结果?

实验二　流媒体服务

一、实验目的

1. 了解流媒体的概念。

2. 了解流媒体的主要技术。

3. 配置流媒体点播服务。

二、实验内容

1. 实验设备。

(1)交换机 1 台。

(2)PC 机 4 台。

(2)双绞线若干。

2. 实验环境。

同实验一。

3. 实验步骤。

Real 流媒体技术的实现基础是需要 3 个软件支持的：RealPlayer 播放器、RealServer 服务器和 RealProducer 编辑制作。

RealPlayer，是一款常用的播放软件，从早期的 RealPlayer 发展到 RealPlayer8.0、RealPlayer9.0，现在已经升级到 RealOne 和 RealOnePlayerGold 等版本。Real 所特有的格式为 *.rm、*.ra、*.ram 所占用的空间极小，并且有较好的影音质量，被广泛地传播在互联网上。

RealServer 也是整个流媒体架设平台的核心软件，通过 RealServer 的建立，可以使浏览者访问服务器上的影音文件，由此实现网上在线视听。

RealProducer 是一款编辑制作 Real 特有文件的软件，一般下载到的 *.rm、*.ra、*.ram 文件都是原始的影音文件，通过软件转化过来的，RealProducer 是一款很好的转化软件。它还有一个最大特点，而且也是做 Real 服务器必须的，就是它可以将影音文件转化成多流的影音文件，这种文件是可以根据浏览者的网速而传送不同质量的影音文件，详细的内容将在以后具体的转化介绍。这个软件的使用过程请同学们自己进行学习。

下面就通过这两个软件来实现 Real 流媒体技术。

图 3-13　RealOne 软件

（1）软件安装。

①RealPlayer 的安装。

a. 双击 Real 播放器图标，等待程序准备运行后，弹出了下面的窗口，第一个选项是默认安装，第二个选项为自定义安装，选择默认安装，单击"Next＞"。

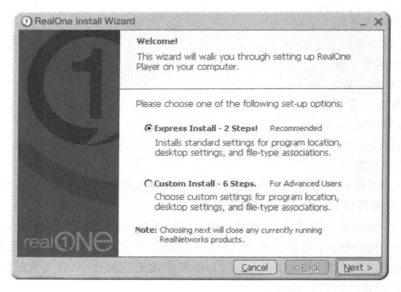

图 3-14　RealOne 软件安装选择

b. RealOne 安装过程中的一些协议，点击"Accept"就行。

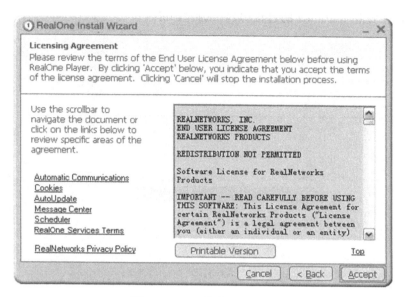

图 3-15   Real 软件安装协议

c. Real 公司网上注册的过程，可以选择 56.6K 的 Moden 拨号，然后点击
"Next"。

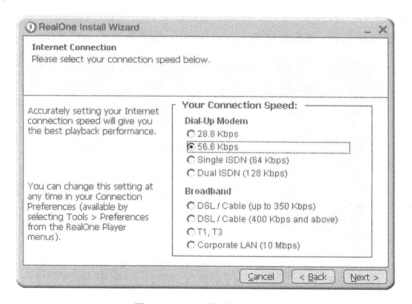

图 3-16   Real 软件注册选择

d. 软件安装 RealOne 的过程，最后选择"Finish"。

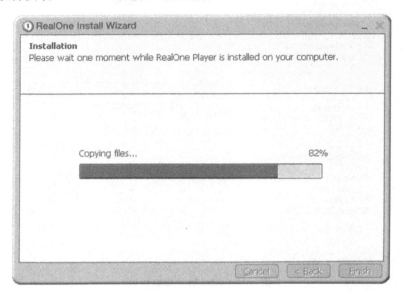

图 3-17　Real 软件安装进程

Realplayer 播放器已经安装完成。

②RealServer 软件

a. 双击安装图标，弹出欢迎进入 Realserver 的安装界面，点"Next"。

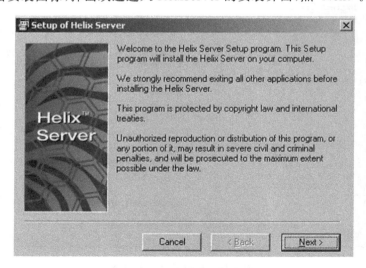

图 3-18　Real Server 软件安装

b. 输入许可文件，单击"Browse"（浏览）。

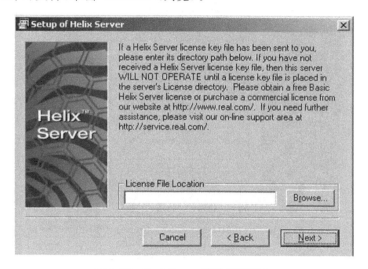

图 3-19   Real Server 软件许可输入

找到的许可文件即 CDKEY，点击打开。

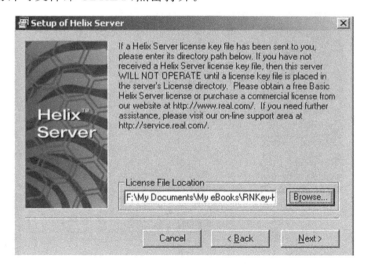

图 3-20   输入 Real Server 软件许可文件

c. 安装软件的协议，选择"Accept"。

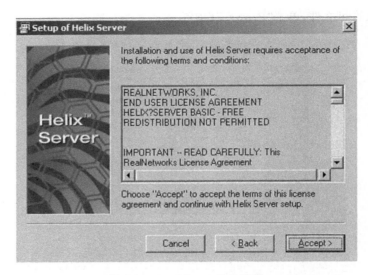

图 3-21　Real Server 软件协议

d. 选择安装目录。

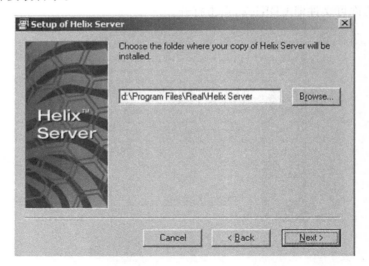

图 3-22　Real Server 软件安装目录

e. 输入用户名和密码，即进入 RealServer 管理界面的密码。

图 3-23　Real Server 软件用户密码设置

f. 访问服务器的端口号的三个对话框。

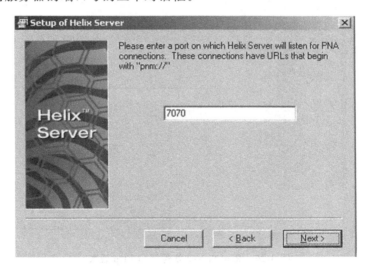

图 3-24　Real Server 软件端口 pnm 设置

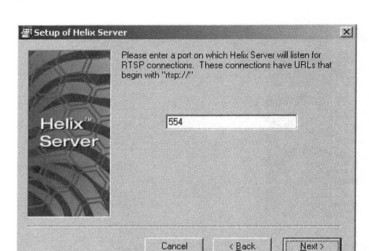

图 3-25　Real Server 软件端口 rtsp 设置

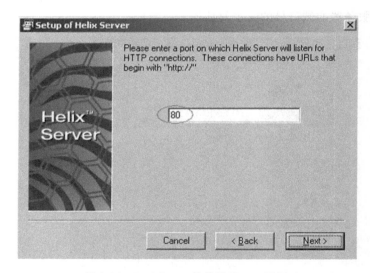

图 3-26　Real Server 软件端口 http 设置

g. 监听管理员的端口号,需记录。

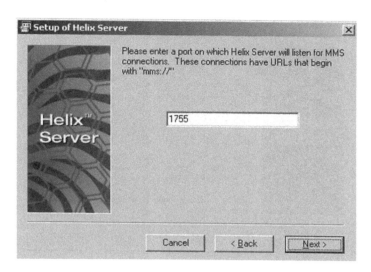

图 3-27　Real Server 软件端口 mms 设置

h. 单击数次下一步完成 RealServer 的安装。

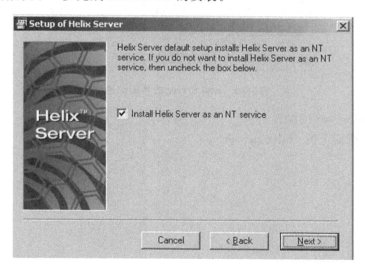

图 3-28　Real Server 软件模式设置

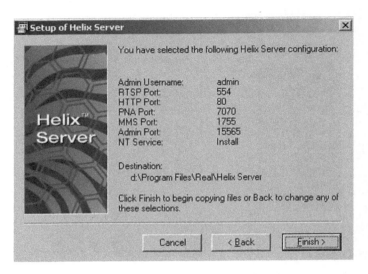

图 3-29　Real Server 软件设置确认

图 3-30　Real Server 软件安装进度

（2）RealServer 的配置。

①启动桌面上的 Helix Server。

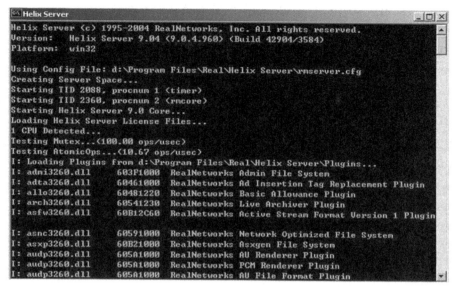

图 3-31　Real Server 软件启动自行配置

②双击桌面上的 RealServer 图标弹出的对话框中就要输入安装软件时输入的用户名和密码。

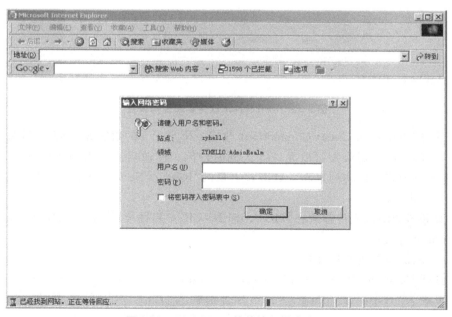

图 3-32　Real Server 软件输入用户密码

③点击确定后就进入了 RealServer 的管理员管理界面,它是以 html 网页页面形式管理的,在这里需要修改一下其中的设置。

④在管理员界面中找到"Server Setup—Connection Control"选项,单击进入界面如图 3-33。

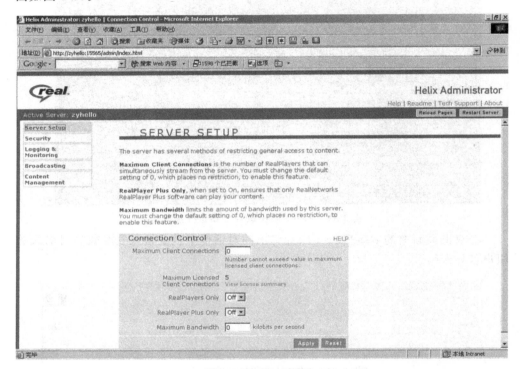

图 3-33 Real Server 软件连接控制设置

⑤将 Maximum Client Connections 改成一个小于 5 的数字即 Real 公司的许可文件,也就是服务器最大可以允许 5 人同时访问。修改后点击右下角的 Apply 按钮,弹出一个修改成功的页面。点击右上角的"Restart Server"按钮,重新启动 RealServer 服务器。

服务器的默认文件存放在％REALSERVER 安装目录％\ Real\Helix Server\ Content 文件夹内。

(3)测试观看流媒体文件。

打开 RealOne Player,选择"file-open",如果是在服务器上使用,则在弹出的窗口栏里输入"rtsp://localhost/ * . rm",否则输入"rtsp://(服务器 IP 地址)/ * . rm",其中 * . rm 就是服务器上的流媒体文件,来测试服务器是否安装成功。

第四章 交换机

交换机的英文名称为"Switch"，它是集线器的升级换代产品。从外观上看，交换机与集线器基本上没有多大区别，都是带有多个端口的长方形盒状体。

交换机工作在数据链路层上，是一种基于 MAC 地址识别，能完成封装转发数据包功能的网络设备。它通过对信息进行重新生成，并经过内部处理后转发至指定端口，具有自动寻址和交换的能力。它是按照通信两端传输信息的需要，用人工方式或设备自动完成的方式把要传输的信息送到符合要求的相应路由上的技术统称。广义的交换机就是一种在通信系统中完成信息交换功能的设备。

交换机相对于集线器，具有以下优势：

(1)用户带宽独享。

交换机在同一时刻可进行多个端口之间的数据传输。每个端口无需与其他端口上的设备竞争使用，端口上链接的网络设备独自享有全部的带宽。例如：使用一台 10Mbps 的 8 口以太网交换机，那么该交换机在某一时刻的总数据流量理论峰值可达到 8×10Mbps＝80Mbps，而一台 10Mbps 的 8 口共享式集线器，总的数据流量不会超过 10Mbps。

(2)MAC 地址学习功能。

交换机拥有一条很高带宽的背部总线和内部交换矩阵。交换机所有端口都挂接在这条背部总线上。当控制电路收到数据包以后，根据目的主机 MAC 地址查找内存中的 MAC 地址对照表，确定目的主机挂接在哪个端口上，然后通过内部交换矩阵将数据包传送到相应端口；如果目的主机 MAC 不存在，则广播到所有端口。目的主机发送响应数据包，交换机对相应端口接收到的的数据包的源主机 MAC 地址进行"学习"，将其添加到内部 MAC 地址表中。相对于集线器而言，既提高了网络利用效率，也在一定程度上避免了"网络风暴"现象，提高数据传输的安全性。

(3)"双工"传输方式。

在某一时刻交换机的每个端口都可以进行数据的双向双工传输，而集线器的每个端口只能进行一个方向的数据通信,因此使用交换机大大提高了网络执行效率。

4.1 交换机工作原理

4.1.1 基本概念

在局域网交换技术中,冲突域、广播域、物理地址、MAC 地址表和二层交换等概念特别重要。下面对这些概念进行简要介绍。

(1)冲突域和广播域。

用同轴电缆构成以 Hub 为核心构建的共享式以太网,其上所有节点同处于一个共同的冲突域,一个冲突域内的不同设备同时发出的以太网帧会互相冲突;同时,冲突域内的一台主机发送数据,同处一个冲突域的其他主机都可以接收到。一个冲突域内的主机太多会造成三个主要的后果,即每台主机得到的可用带宽很低,网上冲突成倍增加,以及信息传输时的安全得不到保证。

广播域是网上的一组设备的集合,当这些设备中的一个发出一个广播时,所有其他设备都能接收到这个广播帧。

广播域和冲突域是特别容易混淆的概念,我们可以这样来区分它们:连接在一个 Hub 上的所有设备构成一个冲突域,同时也构成一个广播域;连接在一个没有划分 VLAN 的交换机上的各个端口上的设备分别属于不同的冲突域(每一交换端口构成一个冲突域),但同属于一个广播域。

(2)物理地址。

以太网上的主机系统在互相通信时,需要用来识别该主机的标志,即物理地址,也称为介质访问控制(MAC,Media Access Control)地址,主机上的 MAC 地址是固化在网卡上的,所以随着插在主机上的网卡的变化,其 MAC 地址也会相应地改变。一块网卡上的 MAC 地址是全球唯一的。

(3)MAC 地址表。

交换机内有一个 MAC 地址表,用于存放该交换机端口所连接设备的 MAC 地址与端口号的对应信息。MAC 地址表是交换机正常工作的基础,它的生成过程也是应该重点掌握的内容。

4.1.2 二层交换工作原理

二层交换机是数据链路层设备,可以识别数据包中的 MAC 地址信息,根据 MAC 地址进行转发,并将这些 MAC 地址与对应端口的信息记录在 MAC 地址表中。

Ethernet 交换机(以太网交换机)的工作基础是以太网帧结构。以太网帧为固定格式,但长度可变,在帧头中带有源 MAC 地址、目的 MAC 地址、信息长度等若干内容。目前使用较多的 Ethernet 交换机都是第二层(数据链路层)交换机,即基于以太网 MAC 地址进行交换。以 PC1(源主机)发送数据包给 PC2(目的主机)为例,Ethernet 交换机的具体的工作流程如下:

(1)当交换机从某个端口收到 PC1 发送的数据包时,首先根据包头中源主机 PC1 的 MAC 地址查找 MAC 地址表,确定 PC1 连接在交换机哪个端口上。

(2)读取包头中目的主机 PC2 的 MAC 地址,并在 MAC 地址表中查找其相应的端口。

①如果 MAC 地址表中有与此目的主机 MAC 地址匹配的端口信息,就将该数据包直接复制到这个端口上。

②如果 MAC 地址表中没有相应的端口信息,则将该数据包广播到所有端口上(源端口除外)。

(3)目的主机 PC2 接收到数据包后,回复响应数据包给源主机 PC1,该过程与源主机发送数据包给目的主机类似。但此时,源主机与目的主机角色互换,PC2 为源主机,PC1 为目的主机。

(4)当 PC2 发送的响应数据包到达交换机时,交换机在转发数据包的同时,根据 PC2 的 MAC 地址更新 MAC 地址表。在②的情况下,即在 MAC 地址表中添加一条关于 PC2 的 MAC 地址信息。

由 Ethernet 交换机的工作过程可见,Ethernet 交换机是根据数据包中的源主机 MAC 地址来更新 MAC 地址表的。每一台计算机打开后,其上面的网卡(Network Interface Card,NIC)会定期发出空闲包或信号,Ethernet 交换机可据此得知其存在及 MAC 地址,这就是交换机的"自动学习功能"。若交换机通过自动学习功能获得的 MAC 地址在一定时间内未发出包,则将此 MAC 地址从 MAC 地址表中清除,此 MAC 地址重新出现时将会被当作新地址处理。

Ethernet Switch 与 Ethernet HUB 的最大差别是 Ethernet Switch 记忆什么用户(即哪些 MAC 地址)挂在哪一个端口上,也就是说 Switch 中有一个地址表,表中的每一项内容主要是 MAC 地址与端口号的对应关系。当 Switch 从某一端口收到一个包时(暂不讨论广播包),它要对地址表执行两个动作:一是检查该包的源 MAC 地址是否已在地址表中,如果没有,则将该 MAC 地址加到地址表中,这样以后就知道该 MAC 地址在哪一个端口;二是检查该包的目的 MAC 地址是否已在地址表中,如果该 MAC 地址已在地址表中,则将该包发送到对应的端口即可,如果该 MAC 地址不在地址表中,则将该包发送到所有其它端口(源端口除外),相当于该包是一个广播包。对于广播包,Ethernet Switch 与 Ethernet HUB 的工作原理是一样的,没有什么差别。

从交换机的工作过程可知:

（1）交换机是根据从端口收到的 Ethernet 包得知哪一个 MAC 地址在哪一个端口的，如果该 MAC 地址从来没有发出过 Ethernet 包，则交换机不知道该 MAC 地址在哪一个端口。

（2）由于交换机的 MAC 地址表的存在，对于非广播包，交换机只需将该包发送到对应的端口，不必像 HUB 那样将该包发送到所有端口，使其他端口可以并行通信，从而提供了比 HUB 更高的速率。

（3）交换机的自动地址学习功能，使其能自动根据收到的 Ethernet 包中的源 MAC 地址，更新 MAC 地址表。交换机使用的时间越长，学到的 MAC 地址就越多，未知的 MAC 地址就越少，因而广播的包就越少，速度就越快。

（4）交换机一般都具有自动年龄功能，即对于某一个已在地址表中的 MAC 地址，如果超过一定时间没有从该 MAC 地址收到包，则将该 MAC 地址从地址表中删除，以后碰到目的地址为该 MAC 地址的包时，交换机将包当广播包处理，重新学习。

4.2　交换机管理方式

访问交换机的主要方法有通过 Console 端口、Telnet、浏览器、网管软件和 TFTP 服务器等几种方式。

（1）通过 Console 端口直接访问交换机。Console 端口是交换机的基本端口，是对一台新的交换机进行配置时必须使用的接口。

连接 Console 端口的线缆称为控制台电缆（Console Cable），是一条 8 芯电缆，并且在两端插头上的线序完全相反。在交换机设备中，除提供 Console 电缆外，还提供用于连接终端或 PC 机的接口转换器，主要有 RJ-45 转 DB-9 和 RJ-45 转 DB-25 两种。

在具体的连接上，Console 电缆一端插入网络设备的 Console 端口，另一端通过转换器接入终端或 PC 机的串行接口，从而实现对设备的访问和控制。

通过 Console 端口对设备进行访问是最直接和最有效的控制设备的方法。

另外，通过辅助端口（AUX），借助于调制解调器和电话线路，可以实现交换机和路由器的远程调试。

（2）通过 Telnet 访问交换机。在网络连通并通过 Console 端口对交换机进行 Telnet 访问基本配置的情况下，交换机支持 Telnet 访问。

交换机把每一个远程登录的用户作为一个虚拟终端，对于一般的交换机而言。通常支持 16 个虚拟终端。

通过 Console 端口访问和通过 Telnet 访问交换机，在用户端输出的界面是相同的，均为命令行界面。

（3）通过浏览器访问网络设备。交换机允许用户通过网络浏览器访问这些设备上的 Web 服务，对这些设备进行管理和配置。

（4）通过网管软件访问网络设备。大部分的交换机都支持简单网络管理协议（Simple Network Management Protocol，SNMP）。通过对交换机配置相应的 SNMP 参数，在网管工作站上运行的网管软件就可对这些设备进行管理和配置。

（5）通过网络上的 TFTP 服务器来设置网络设备。交换机也支持简单文件传输协议（Trivial File Transfer Protocol，TFTP）。在网络连通的情况下，可以通过网络中的 TFTP 服务器对交换机进行管理和配置。

在以上 5 种主要的访问方式中，第 1 种是直接对设备进行访问，其余 4 种都是利用 TCP/IP 协议的相应服务实现对设备的访问。

4.3 交换机 MAC 地址表管理

4.3.1 地址类型

MAC 地址表包含了用于端口间报文转发的地址信息。MAC 地址表包含了动态、静态、过滤三种类型的地址。

（1）动态地址。动态地址是交换机通过接收到的报文自动学习到的 MAC 地址。当一个端口接收到一个包时，交换机将把这个包的源地址和这个端口进行映射，以动态地址类型（Dynamic）存放到 MAC 地址表中。交换机通过这种方式不断学习新的地址，交换机使用时间越长，学到的 MAC 地址就越多。

存在于 MAC 地址表中的动态地址受地址老化时间 Aging-time 的约束。对于地址表中一个动态地址，如果在地址老化时间内，交换机都没有从该 MAC 地址收到包，则这个 MAC 地址将被删除。当再次接收到该 MAC 地址发送的包时，交换机会把该包作为广播包处理，重新学习。交换机通过学习新的地址和老化掉不再使用的地址来不断更新其动态地址表，可以根据实际情况改变动态地址的老化时间。需要注意的是如果地址老化时间设置得太短，会造成地址表中的地址过早被老化而重新成为交换机未知的地址。如果老化时间设置得太长，则地址老化太慢，地址表容易被占满。当地址表加满后，新的地址将不能被学习，在地址表有空间来学习这个地址之前，这个地址也会一直被当作未知的地址。而交换机再接收到以这些未知地址为目的地址的包时，会向其他端口进行广播，这样就造成了一些不必要的广播流。

交换机复位的复位操作会丢失所有动态地址，交换机需要重新进行学习。

（2）静态地址。静态地址（Static）是管理员通过命令方式添加的 MAC 地址。静态地址和动态地址功能相同，不过相对动态地址而言，静态地址只能以命令方式进行配置，且静态地址不受地址老化时间约束。静态地址将保存到配置文件中，即使交换机复位,静态地址也不会丢失。

(3)过滤地址。过滤地址(Filtering)也是管理员通过命令方式添加的 MAC 地址。当交换机接收到以过滤地址为源地址的包时将会直接丢弃。如果你希望交换机能屏蔽掉一些非法用户,可以将这些用户的 MAC 地址设置为过滤地址,这样这些非法用户将无法通过交换机与外界通信。

过滤地址不受地址老化时间约束,只能以命令方式进行配置,过滤地址将保存到配置文件中,即使交换机复位,过滤地址也不会丢失。

4.3.2 MAC 地址表的管理

(1)静态地址表项管理。如果要增加一个静态地址,需要指定目的主机 MAC 地址,静态地址所属 VLAN,目的 MAC 地址被转发到的相应接口。从特权模式开始,通过以下步骤添加一个静态地址:

表 4-1   添加静态地址操作步骤

步骤	命令	含义
1	configure terminal	进入全局配置模式
2	mac-address-table static *mac-ad-dr* vlan *vlan-id* interface *inter-face-id*	mac-addr:指定表项对应的目的 MAC 地址 vlan-id:指定该地址所属的 VLAN interface-id:包将转发到的端口 当交换机在 vlan-id 指定的 VLAN 上接收到以 mac-addr 指定的地址为目的地址的包时,这个包将被转发到 interface-id 指定的端口上。
3	exit	回到特权模式

举例说明:配置一个静态地址 00d0.f838.0001,当在 VLAN 1 中接收到目的地址为这个地址的包时,这个包将被转发到指定的端口 fastethernet 0/1 上:

Switch(config)♯ mac-address-table static 00*d*0.*f*838.0001 vlan 1 interface *fastethernet* 0/1

在全局配置模式下通过以下命令,删除静态地址配置信息。

Switch(config)♯ no mac-address-table static 00*d*0.*f*838.0001 vlan 1 interface *fastethernet* 0/1

(2)动态地址表项管理。由于动态地址是由交换机通过自动学习方式获取的,因此无需通过人工方式添加。在地址老化时间前终止使用动态地址项,可以在特权模式下,使用以下命令删除交换机上所有的动态地址:

Switch♯ clear mac-address-table dynamic

可以使用以下命令删除一个特定 MAC 地址:

Switch # clear mac-address-table dynamic address *mac-address*

可以使用以下命令删除一个特定物理端口或 Aggregate Port 上的所有动态地址：

Switch # clear mac-address-table dynamic interface *interface-id*

可以使用以下命令删除指定 VLAN 上的所有动态地址：

Switch # clear mac-address-table dynamic vlan *vlan-id*

经过以上操作后，可以使用以下命令验证相应的动态地址是否已经被删除：

Switch # show mac-address-table dynamic

（3）过滤地址表项管理。如果要增加一个过滤地址，需要指定希望交换机过滤掉哪个 VLAN 内的哪个 MAC 地址，当交换机在该 VLAN 内收到以这个 MAC 地址为源地址的包时，这个包都将被直接丢弃。从特权模式开始，通过以下步骤来添加一个过滤地址：

表 4-2　添加过滤地址操作步骤

步骤	命令	含义
1	configure terminal	进入全局配置模式
2	mac-address-table filtering *mac-addr* vlan *vlan-id*	mac-addr：指定交换机需要过滤的 MAC 地址 vlan-id：指定该地址所属的 VLAN
3	exit	回到特权模式

举例说明：让交换机过滤掉 VLAN 1 内源 MAC 地址为 00d0.f838.0001 的数据包：

Switch(config) # mac-address-table filtering 00d0.f838.0001 vlan 1

在全局配置模式下通过以下命令，删除过滤地址配置信息。

Switch(config) # no mac-address-table filtering 00d0.f838.0001 vlan 1

（4）查看 MAC 地址表。在特权模式下，使用以下命令来查看交换机的 MAC 地址表信息：

表 4-3　MAC 地址表相关操作命令

步骤	命令	含义
1	show mac-address-table address	显示所有类型的 MAC 地址信息
3	show mac-address-table dynamic	显示所有动态地址信息

续　表

步骤	命令	含义
4	show mac-address-table static	显示所有静态地址信息
5	show mac-address-table filtering	显示所有过滤地址信息
6	show mac-address-table interface	显示指定接口的所有类型的地址信息
7	show mac-address-table vlan	显示指定 VLAN 的所有类型的地址信息

4.4　虚拟局域网

VLAN(Virtual Local Area Network)又称虚拟局域网,是指在交换局域网的基础上,采用网络管理软件构建的可跨越不同网段、不同网络的端到端的逻辑网络。一个 VLAN 组成一个逻辑子网,即一个逻辑广播域,它可以覆盖多个网络设备,允许处于不同地理位置的网络用户加入一个逻辑子网中。通过将企业网络划分成不同的 VLAN 网段,可以强化网络管理和网络安全,控制不必要的数据广播。

在共享网络中,一个物理的网络段就是一个广播域,在该网络段中的广播数据包都可以被该段上的所有设备收到,而无论这些设备是否需要。在交换网络中,广播域可以是由一组任意指定的 MAC 地址组成的虚拟网络段。网络中网络段的划分可以突破共享网络中的地理位置限制,根据管理的需求来进行划分。同一个 VLAN 中的工作站,可以跨交换机访问;同一个 VLAN 中的广播只有 VLAN 成员才能收到。VLAN 的使用有效得控制了网络风暴的产生。通过设置路由,它还可使实现 VLAN 间的相互通信。

虚拟局域网的使用能够方便地进行用户的增加、删除、移动等工作,提高了网络管理的效率。

(1)灵活的、软定义的、边界独立于物理介质的设备群。VLAN 的使用使交换机承担了网络分段工作,而无需使用路由器。通过使用 VLAN,能够把原来的一个物理局域网划分成很若干个逻辑子网,而不必考虑设备的具体物理位置,每一个 VLAN 都可以对应于一个逻辑单元,如部门、车间和项目组等。

(2)广播流量被限制在软定义的边界内,提高了网络安全性。同一个 VLAN 中的广播只有 VLAN 成员才能收到,因此减少了数据窃听的可能性,极大地增强了网络的安全性。

(3)VLAN 通过把网络分成逻辑上的不同广播域,使网络上传送的包只在与位于同一个 VLAN 的端口之间交换。这样就限制了某个局域网只与同一个 VLAN 的其它局域网互连,避免浪费带宽。这也改善了网络配置规模的灵活性,尤其是在支持广播/多播协议和应用程序的局域网环境中,也会因为 VLAN 结构的介入,而大大减少网络流量。

4.4.1 虚拟局域网的分类

目前,常用的虚拟局域网分类有三种:基于端口划分、基于硬件 MAC 地址划分和基于网络层划分。其余还有根据 IP 组播划分、按策略划分以及按用户定义、非用户授权划分等方式。本章主要对前三种做介绍。

(1)基于端口划分。基于端口的虚拟局域网划分是比较流行和最早的划分方式,其特点是将交换机按照端口进行分组,每一组定义为一个虚拟局域网。这些交换机端口分组可以在一台交换机上也可以跨越几个交换机。该方法只需网络管理员对网络设备的交换端口进行重新分配即可,不用考虑该端口所连接的设备。

如图 4-1,同一台交换机的 1~4 号端口分别挂接工作站 PC1~PC4,交换机的 1 和 2 号端口上的工作站 PC1 和 PC2 组成了 VLAN10,3 和 4 号端口上的 PC3 和 PC4 组成了 VLAN20;如图 4-2,交换机 1 的端口 1 和交换机 2 的端口 4 上的工作站 PC1 和 PC4 组成了 VLAN10,交换机 1 的端口 2 和交换机 2 的端口 3 上的工作站 PC2 和 PC3 组成了 VLAN20。

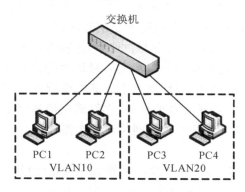

图 4-1　基于端口的虚拟局域网 A

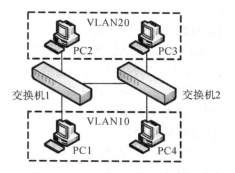

图 4-2　基于端口的虚拟局域网 B

端口分组目前是定义虚拟局域网成员最常用的方法,可以通过交换机的端口分组来定义,其特点是一个虚拟局域网的各个端口上的所有终端都在一个广播域中,它们相互可以通信,不同的虚拟局域网之间进行通信需经过路由来进行。这种虚拟局域网划分方式的优点在于简单,容易实现,从一个端口发出的广播,直接发送到虚拟局域网内的其他端口,也便于直接监控。但是,用端口定义虚拟局域网的主要局限性是:使用不够灵活,当用户从一个端口移动到另一个端口的时候网络管理员必须重新配置虚拟局域网成员,不过这一点可以通过灵活的网络管理软件来弥补。

(2)基于硬件 MAC 地址划分。硬件 MAC 地址其实就是指网卡的标识符,每一块网卡的 MAC 地址都是唯一且固化在网卡上的。MAC 地址由 12 位十六进制数表示,前 8 位为厂商标识,后 4 位为网卡标识。网络管理员可按 MAC 地址把一些站点划分为一个逻辑子网。

基于硬件 MAC 地址层地址的虚拟局域网具有不同的优点和缺点。由于硬件地址层的地址是连接到工作站的网卡上的,所以基于硬件地址层地址的虚拟局域网使网络管理者能够把网络上的工作站移动到不同的实际位置,而且可以让这台工作站自动地保持它原有的虚拟局域网成员资格。按照这种方式,由硬件地址层地址定义的虚拟局域网可以被视为基于用户的虚拟局域网。

基于硬件 MAC 地址层地址的虚拟局域网,交换机对终端的 MAC 地址和交换机端口进行跟踪,在新终端入网时根据已经定义的虚拟局域网——MAC 对应表将其划归至某一个虚拟局域网,而无论该终端在网络中怎样移动,由于其 MAC 地址保持不变,故不需进行虚拟局域网的重新配置。这种划分方式减少了网络管理员的日常维护工作量,但对于所有的终端而言,必须被明确的分配在一个具体的虚拟局域网,任何时候增加终端或者更换网卡,都要对虚拟局域网数据库调整,以实现对该终端的动态跟踪。

基于硬件 MAC 地址层地址的虚拟局域网解决方案的缺点之一是要求所有的用户必须初始配置在至少一个虚拟局域网中。在这次初始手工配置之后,用户的自动跟踪才有可能实现,而且取决于特定的供应商解决方案。然而,这种不得不在一开始先用人工配置虚拟局域网的方法,其缺点在一个非常大的网络中变得非常明显:几千个用户必须逐个地分配到各自特定的虚拟局域网中。某些供应商已经减少了初始手工配置基于硬件地址的虚拟局域网的繁重任务,它们采用根据网络的当前状态生成虚拟局域网的工具,也就是说为每一个子网生成一个基于硬件地址的虚拟局域网。

(3)基于网络层划分。基于网络层的虚拟局域网划分也叫做基于策略(POLICY)的划分,是这几种划分方式中最高级也是最为复杂的。基于网络层的虚拟局域网使用协议(如果网络中存在多协议的话)或网络层地址(如 TCP/IP 中的子网段地址)来确定网络成员。利用网络层定义虚拟网有以下几点优势。第一,这种方式可以按传输协议划分网段;第二,用户可以在网络内部自由移动而不用重新配置自己的工作站;第三,这种类型的虚拟网可以减少由于协议转换而造成的网络延迟。这种方式看起来是最为理想的方式,但是在采用这种划分之前,要明确两件事情:一是 IP 盗用,二是对设备要求较高,不是所有设备都支持这种方式。

4.4.2 虚拟局域网的应用

虚拟局域网由于具有比较明显的优势,在各种企业中都有很好的应用。下面就根据不同的案例来分析虚拟局域网的应用情况。

(1)局域网内的局域网。目前,很多企业都已经具有一个相当规模的企业局域网,但是在企业内部因为保密或者其他原因,要求各业务部门独立成为一个局域网。同时,各业务部门不一定是在同一个办公地点,各网络之间不允许互相访问。

虚拟局域网解决方案:首先要确定各业务部门的人员组成、办公地点、与交换机连接的端口等信息;然后根据业务部门数量对交换机进行配置,创建虚拟局域网,设置中继;最后,在一个公用的局域网内部划分若干个虚拟局域网,减少了局域网内的广播,提高网络传输性能。

(2)共享访问——访问共同的接入点和服务器。对于一些大型写字楼或商业建筑,内部已经构建好了局域网,提供给入驻的各个企业,并通过共同的出口访问 Internet 或者大楼内部的综合信息服务器。由于大楼的网络平台是统一的,使用的客户却来自不同的单位。因此,在这样一个共享的网络环境下,解决不同企业或单位对网络的需求的同时,还要保证各企业间信息的独立性。

虚拟局域网解决方案:首先系统管理员为入驻企业创建一个独立的虚拟局域网,保证企业内部的互相访问和企业间信息的独立;然后利用中继技术,将提供接入服务的代理服务器或者路由器所对应的局域网接口配置成为中继模式,实现共享接入。

(3)交叠虚拟局域网。交叠虚拟局域网是在基于端口划分虚拟局域网的基础上提出来的,最早的交换机每一个端口只能同时属于一个虚拟局域网,交叠虚拟局域网允许一个交换机端口同时属于多个虚拟局域网。比如在一个科研机构,已经划分了若干个虚拟局域网,但是因为某个科研任务,从各个虚拟局域网里面抽调出技术人员临时组成课题组,要求课题组内部通信自如,同时各科研人员还要保持和原来的虚拟局域网进行信息交流。

交叠虚拟局域网解决方案:首先将要加入课题组的人员所对应的交换机端口设置成为支持多个虚拟局域网;然后创建一个新虚拟局域网,将所有人员划分到新虚拟局域网,保持各人员原来所属虚拟局域网不变即可。

实验一 交换机的初始化配置

一、实验目的

1. 认识交换机。

2. 通过 Console 电缆实现 PC 机与交换机的连接。

3. 正确配置 PC 机仿真终端程序的串口参数。

4. 熟悉交换机的开机自检过程和输出界面。

二、实验内容

1. 实验设备。

(1)锐捷 S2126G 交换机 1 台。

(2)PC 机 1 台,操作系统为 Windows 系列,装有超级终端程序。

(3)网线 1 条。

(4)Console 电缆 1 条。

2. 实验环境。

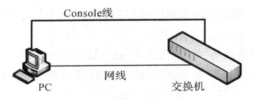

图 4-3 网络拓扑结构图

交换机端口缺省设置:

(1)端口速率:9600bps。

(2)数据位:8。

(3)奇偶校验:无。

(4)停止位:1。

(5)数据流控制:无。

3. 实验步骤。

(1)打开 PC 机超级终端,将串行端口的属性按上述参数进行设置。

(2)通过 Console 口直接访问交换机。

在超级终端正常开启的情况下,接通交换机的电源,开始交换机的设置对话过程。

利用设置对话过程可以避免手工输入命令的烦琐,但还不能完全代替手工设置,一些特殊的设置还必须通过手工输入的方式完成。

进入设置对话过程后,交换机首先会显示一些提示信息:

-System Configuration Dialog-

提示用户在系统配置对话过程中的任何地方都可以键入"?"得到系统的帮助,按 CTRL+C 可以退出设置对话,缺省设置将显示在"[ ]"中。

At any point you may enter a question mark '?' for help.

Use ctrl-c to abort configuration dialog at any prompt.

Default settings are in square brackets '[ ]'.

提示是否进入设置对话:

Continue with configuration dialog? [*yes/no*]:*y*

提示是否需要设置 IP 地址和子网掩码,该 IP 地址即为 Telnet 或 Web 浏览器登录地址:

Would you like to assign a ip address? [*yes/no*]:*y*

Enter IP address:192.168.0.1

Enter IP netmask:255.255.255.0

提示是否需要设置默认网关地址,当跨网络段情况下,通过该默认网关地址,使用 Telnet 或 Web 浏览器登录交换机:

Would you like to enter a default gateway address? [*yes/no*]:*y*

IP address of default gateway:192.168.0.254

设置交换机名称:

Enter host name [*Switch*]:*NETWORK*

设置进入特权模式的密文:

The enable secret is a one-way cryptographic secret use

instead of the enable password when it exists.

Enter enable secret:*network*

设置 Telnet 登录密码:

Would you like to configure a Telnet password? [*yes/no*]:*y*

Enter Telnet password:*net*

设置是否禁用 Web 浏览器登录方式：

Would you like to disable web service?［*yes*/*no*］：*n*

显示基本配置信息：

The following configuration command script was created：

interface VLAN 1

ip address 192. 168. 0. 1

!

ip default-gateway 192. 168. 0. 254

hostname NETWORK

enable secret 5 ' 7R：＞H. Y˘_；C,tZU20＜D＋S(4［9＝G1X)

enable secret level 1 5 ♯：＞H. Y＊T˘；C,tZ［VU＜D＋S(\W4＝G1X)sv

!

end

提示是否保存设置，如果回答 yes，系统就会把设置的结果存入交换机的 NVRAM 中，然后结束设置对话过程，使交换机开始正常的工作。

Use this configuration?［*yes*/*no*］：*y*

Building configuration ···

Initializing ···
Done

2013-05-14 11：51：26   *@5-LINKUPDOWN：Fa*0/24 *changed state to up*
2013-05-14 11：51：27   *@5-LINKUPDOWN：VL*1 *changed state to up*

NETWORK＞enable
Password：
NETWORK♯ *show mac-address-table*

Vlan	MAC Address	Type	Interface
1	0013. 72*a*3. 18*dd*	DYNAMIC	*Fa*0/24

NETWORK♯

(3)通过 Telnet 访问交换机。通过 Console 口访问交换机并对交换机进行初始化配置后,将 PC 机与交换机通过网线连接,PC 机使用 telnet 192.168.0.1 命令访问交换机:

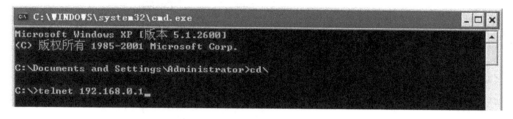

图 4-4　Telnet 方式访问交换机

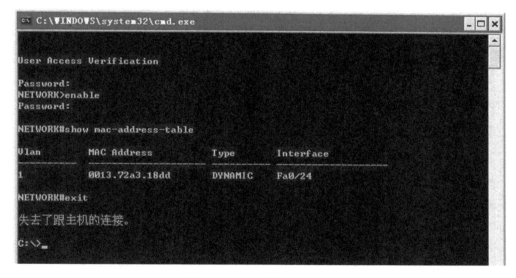

图 4-5　Telnet 方式执行命令

(4)通过 Web 浏览器访问交换机。通过 Console 口访问交换机并对交换机进行初始化配置后,将 PC 机与交换机通过网线连接,使用 Web 浏览器登录交换机,在地址栏输入 http://192.168.0.1,首先提示用户输入用户名和密码。此处用户名为 Windows 系统用户名,密码同 Telnet 登录密码,操作过程如下:

图 4-6 Web 浏览器访问交换机

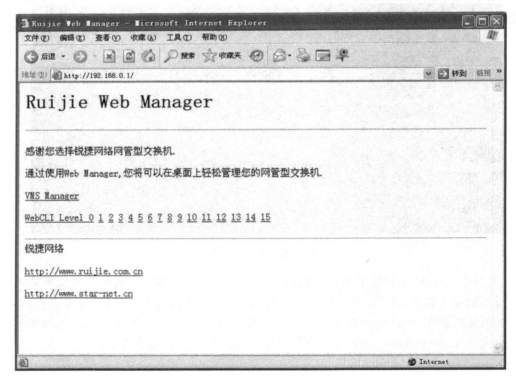

图 4-7 Web 浏览器访问交换机首页

选择"WebCLI Level 15"：

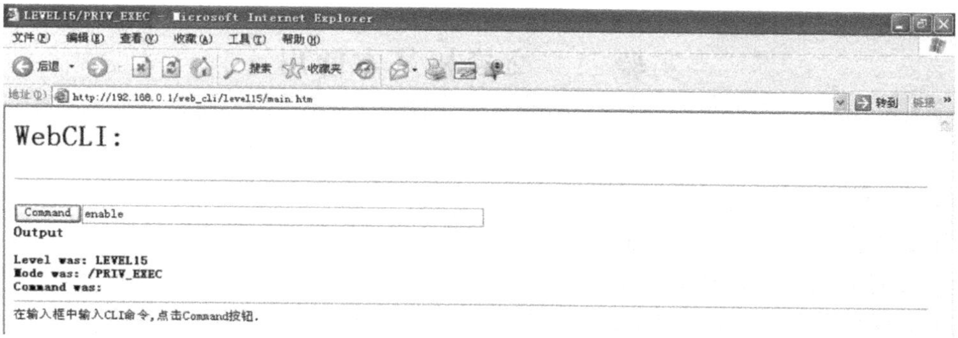

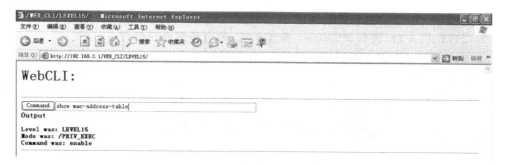

图 4-8　WebCLI Level 15 操作界面

使用 enable 命令进入特权模式：

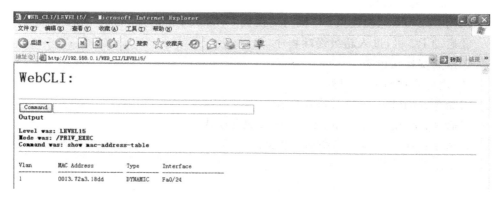

图 4-9　执行命令

使用 show mac-address-table 命令查看 MAC 地址表：

图 4-10　命令执行结果显示

实验二　交换机基本使用

一、实验目的

1. 熟悉交换机的开机界面。

2. 对交换机进行基本的设置。

3. 学会使用"?"查看相应命令及参数。

二、实验内容

1. 实验设备。

(1)锐捷 S3550-24 交换机 1 台。

(2)PC 机 1 台,装有 Windows 操作系统,装有超级终端软件。

(3)Console 电缆 1 条。

2. 实验环境。

图 4-11　网络拓扑结构图

3. 实验步骤。

(1)交换机的启动。

①用 Console 电缆连接 PC 机与交换机 Console 口。

②启动 PC 机,进入超级终端程序。

③接通交换机电源。

(2)进行交换机基本配置。

①命令:enable——进入特权模式。

②命令:configure terminal——进入配置模式。

③命令:exit——退出当前命令模式。

```
Switch＞enable
Switch # configure terminal
Enter configuration commands, one per line. End with CNTL/Z.
Switch(config) # exit
2013-06-8 12:46:42 @5-CONFIG:Configured from outband
Switch # exit
```

图 4-12　交换机基本模式切换

④命令:? ——查看当前模式下可用命令及命令参数

```
Switch＞?
    disable                Turn off privileged commands
    enable                 Turn on privileged commands
    exit                   Exit from the EXEC
    ……
Switch＞show?
    clock                  Display the system clock
    privilege              Show current privilege level
    version                System hardware and software status
Switch＞en
Switch # ?
    clear                  Reset functions
    clock                  Manage the system clock
    configure              Enter configuration mode
    ……
Switch # show?
    access-group           MAC access-group
    access-lists           List access lists
    accounting             Accounting configurations parameters
    address-bind           address binding table
```

图 4-13　"?"命令的使用

三、上机思考题

使用"?"命令查看以下信息:

(1)查看交换机当前时间。

（2）查看交换机版本信息。

（3）查看交换机 MAC 地址表信息。

（4）查看交换机 MAC 地址老化时间。

（5）修改交换机的 Hostname。

实验三 交换机工作原理及 MAC 地址表管理

一、实验目的

1. 管理和使用交换机。

2. 对交换机 MAC 地址表进行管理和配置。

3. 利用交换机工作原理对网络连通性结果进行说明。

二、实验内容

1. 实验设备。

(1)锐捷 S3550-24 交换机 1 台。

(2)PC 机 4 台,装有 Windows 操作系统,其中 1 台装有超级终端软件。

(3)Console 电缆 1 条。

(4)网线若干。

2. 实验环境。

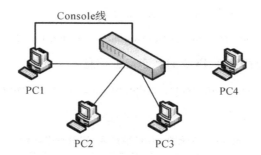

图 4-14 网络拓扑结构图

3. 实验步骤。

(1)按下表设置 PC 机 TCP/IP 属性。

表 4-4 PC 机 TCP/IP 属性

PC 机	IP 地址	子网掩码
PC1	192.168.0.10	255.255.255.0
PC2	192.168.0.20	255.255.255.0

续　表

PC 机	IP 地址	子网掩码
PC3	192.168.0.30	255.255.255.0
PC4	192.168.0.40	255.255.255.0

（2）使用 PING 命令测试四台 PC 机的连通性，确保网络设备运行正常。

（3）根据以下交换机 MAC 地址表信息，配置交换机。

表 4-5　交换机 MAC 地址表：添加静态和过滤地址

VLAN	MAC 地址	Type	Interface
1	PC1 的 MAC 地址	STATIC	FA0/1
1	PC2 的 MAC 地址	STATIC	FA0/2
1	PC3 的 MAC 地址	STATIC	FA0/3
1	PC4 的 MAC 地址	FILTERING	FA0/4

使用以下命令添加关于 PC1、PC2、PC3 的静态地址信息：

Switch(config)♯mac-address-table static *mac-add* vlan *vlan-id* interface *interface-id*

使用以下命令添加关于 PC4 的过滤地址信息：

Switch(config)♯mac-address-table filtering *mac-add* vlan *vlan-id* interface *interface-id*

使用以下命令删除关于 PC3 的静态地址信息：

Switch(config)♯no mac-address-table filtering *mac-add* vlan *vlan-id* interface *interface-id*

最终 MAC 地址表为：

表 4-6　交换机 MAC 地址表：删除静态地址

VLAN	MAC 地址	Type	Interface
1	PC1 的 MAC 地址	STATIC	FA0/1
1	PC2 的 MAC 地址	STATIC	FA0/2
1	PC4 的 MAC 地址	FILTERING	FA0/4

（4）按以下方式利用网线连接交换机和 PC 机，利用 ping 命令测试网络连通性，查看 MAC 地址表信息，利用交换机工作原理对连通性测试结果进行说明。

测试一：PC1 至 1 号端口，PC2 至 2 号端口，PC3 至任意端口。

测试二：PC1 至 2 号端口，PC2 至 1 号端口，PC3 至任意端口。

测试三：PC1 至 5 号端口，PC2 至 2 号端口，PC3 至除 1 号端口外任意端口。

测试四：PC1 至 5 号端口，PC2 至 2 号端口，PC3 至 1 号端口。

测试五：PC1 至 1 号端口，PC2 至 2 号端口，PC4 至 4 号端口，PC3 至任意端口。

测试六：PC1 至 1 号端口，PC2 至 2 号端口，PC4 至 5 号端口，PC3 至任意端口。

三、上机思考题

1. 利用交换机工作原理，对以上六组测试结果进行说明。

2. 现已开启 1 台交换机和 4 台 PC 机，交换机 MAC 地址表中配置了其中 3 台 PC 机的静态地址信息，但不清楚 MAC 地址表中此 3 条记录的 MAC 地址分别与哪台 PC 机对应。请根据实验结论：

（1）如何判断 MAC 地址与 PC 机的对应关系。

（2）如何连接交换机和 PC 机，才能保证 4 台 PC 机相互之间能够连通。

实验四 基于端口划分 VLAN

一、实验目的

1.了解交换机 VLAN 工作原理。

2.掌握基于端口的 VLAN 划分方法。

3.掌握为 VLAN 添加端口的方法。

二、实验内容

1.实验设备。

(1)锐捷 S2126G 交换机 1 台。

(2)PC 机 4 台,操作系统为 Windows 系列,其中 1 台装有超级终端程序。

(3)Console 电缆 1 条。

(4)网线若干。

2.实验环境。

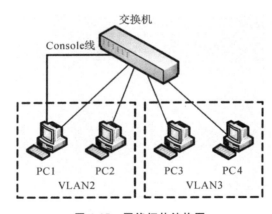

图 4-15 网络拓扑结构图

3.实验步骤。

(1)按下表设置 PC 机 TCP/IP 属性及与交换机的连接方式。

表 4-7　PC 机设置

PC 机	IP 地址	子网掩码	连接交换机端口
PC1	192.168.0.10	255.255.255.0	Fa0/1
PC2	192.168.0.20	255.255.255.0	Fa0/2
PC3	192.168.0.30	255.255.255.0	Fa0/3
PC4	192.168.0.40	255.255.255.0	Fa0/4

(2)使用 PING 命令测试四台 PC 机的连通性,确保网络设备运行正常。

(3)将 PC1 和 PC2 划分在 VLAN 2 内,将 PC3 和 PC4 划分在 VLAN 3 内。参考命令配置过程如下:

Switch＞*enable*

Switch＃*configure terminal*

! 划分 VLAN2

Switch(config)＃*vlan 2*

Switch(config-vlan)＃*exit*

! 划分 VLAN3

Switch(config)＃*vlan 3*

Switch(config-vlan)＃*exit*

! 将端口 Fa0/1 和 Fa0/2 划分到 VLAN2

Switch(config)＃*interface fastethernet*0/1

Switch(config-if)＃*switchport mode access*

Switch(config-if)＃*switchport access vlan 2*

Switch(config-if)＃*exit*

Switch(config)＃*interface fastethernet*0/2

Switch(config-if)＃*switchport mode access*

Switch(config-if)＃*switchport access vlan 2*

Switch(config-if)＃*exit*

! 将端口 Fa0/3 和 Fa0/4 划分到 VLAN3

Switch(config)＃*interface fastethernet*0/3

Switch(config-if)＃*switchport mode access*

Switch(config-if)＃*switchport access vlan 3*

Switch(config-if)＃*exit*

Switch(config)＃*interface fastethernet*0/4

Switch(config-if)＃*switchport mode access*

Switch(config-if)＃*switchport access vlan 3*

Switch(config-if)# *exit*

! 查看 VLAN 信息

Switch# *show vlan*

VLAN	Name	Status	Ports
1	default	active	Fa0/5 ,Fa0/6 ,Fa0/7 ,Fa0/8

Fa0/9 ,Fa0/10 ,Fa0/11,Fa0/12

Fa0/13 ,Fa0/14 ,Fa0/15,Fa0/16

Fa0/17,Fa0/18 ,Fa0/19,Fa0/20

Fa0/21,Fa0/22，Fa0/23,Fa0/24

2	VLAN0002	active	Fa0/1 ,Fa0/2
3	VLAN0003	active	Fa0/3 ,Fa0/4

! 查看交换机配置文件

Switch# *show running-config*

!

version 1. 0

!

hostname Switch

vlan 1

!

vlan 2

!

vlan 3

!

interface fastEthernet 0/1

switchport access vlan 2

!

interface fastEthernet 0/2

switchport access vlan 2

!

interface fastEthernet 0/3

switchport access vlan 3

!

interface fastEthernet 0/4

switchport access vlan 3

!

end

（4）使用 PING 命令测试四台 PC 机间的连通性。结果 PC1 和 PC2 能连通，PC3 和 PC4 能连通，其余不能连通。以下测试在 PC1 上完成。

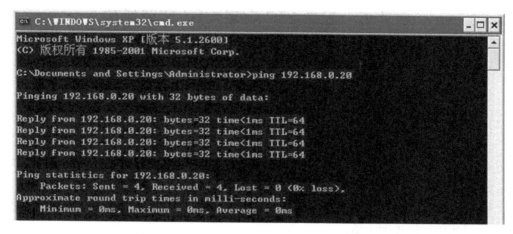

图 4-16　VLAN 2 内 PC1 与 PC2 网络连通性测试

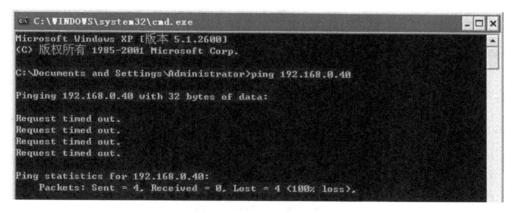

图 4-17　VLAN 间 PC1 与 PC4 网络连通性测试

实验五　配置 SVI 实现 VLAN 间通信

一、实验目的

1. 利用三层交换机实现 VLAN 间通信。

二、实验内容

1. 实验设备。

(1)锐捷 S3550-24 交换机 1 台。

(2)PC 机 4 台,操作系统为 Windows 系列,其中 1 台装有超级终端程序。

(3)Console 电缆 1 条。

(4)网线若干。

2. 实验环境。

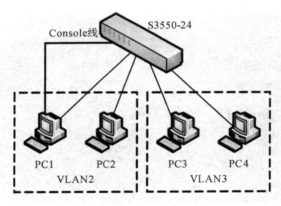

图 4-18　网络拓扑结构图

3. 实验步骤。

(1)按下表设置 PC 机 TCP/IP 属性及与交换机的连接方式。

表 4-8　PC 机设置

PC 机	IP 地址	子网掩码	默认网关	连接交换机端口
PC1	192.168.2.10	255.255.255.0	192.168.2.1	Fa0/1
PC2	192.168.2.20	255.255.255.0	192.168.2.1	Fa0/2

PC 机	IP 地址	子网掩码	默认网关	连接交换机端口
PC3	192. 168. 3. 10	255. 255. 255. 0	192. 168. 3. 1	Fa0/3
PC4	192. 168. 3. 20	255. 255. 255. 0	192. 168. 3. 1	Fa0/4

（2）使用 PING 命令测试四台 PC 机的连通性，确保网络设备运行正常。

（3）参考实验一操作步骤，将 PC1 和 PC2 划分在 VLAN 2 内，将 PC3 和 PC4 划分在 VLAN 3 内。

（4）在三层交换机上为 VLAN 配置 IP 地址，参考命令如下：

Switch（config）# *interface vlan* 2

Switch（config-if）# *ip address* 192. 168. 2. 1 255. 255. 255. 0

Switch（config-if）# *no shutdown*

Switch（config-if）# *exit*

Switch（config）# *interface vlan* 3

Switch（config-if）# *ip address* 192. 168. 3. 1 255. 255. 255. 0

Switch（config-if）# *no shutdown*

Switch（config-if）# *exit*

！查看 VLAN 信息

Switch# *show vlan*

VLAN	Name	Status	Ports
1	default	active	Fa0/5 ,Fa0/6 ,Fa0/7 ,Fa0/8
			Fa0/9 ,Fa0/10,Fa0/11,Fa0/12
			Fa0/13,Fa0/14,Fa0/15,Fa0/16

Fa0/17,Fa0/18,Fa0/19,Fa0/20

Fa0/21,Fa0/22,Fa0/23,Fa0/24

| 2 | VLAN0002 | active | Fa0/1 ,Fa0/2 |
| 3 | VLAN0003 | active | Fa0/3 ,Fa0/4 |

！查看交换机路由表

Switch# *show ip route*

Type： C-connected，S-static，R-RIP，O-OSPF，IA-OSPF inter area

　　N1-OSPF NSSA external type 1，N2-OSPF NSSA external type 2

　　E1-OSPF external type 1，E2-OSPF external type 2

Type	Destination IP	Next hop	Interface	Distance	Metric	Status
C	192. 168. 2. 0/24	0. 0. 0. 0	VL2	0	0	Active
C	192. 168. 3. 0/24	0. 0. 0. 0	VL3	0	0	Active

（5）使用 PING 命令测试 VLAN 间 PC 机的连通性。以下测试在 PC1 上完成。

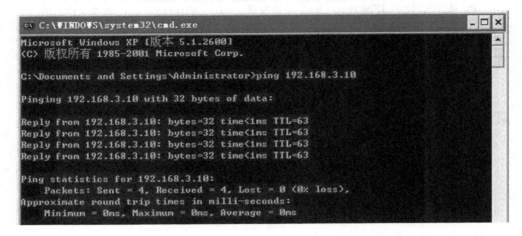

图 4-19　VLAN 间 PC1 与 PC3 网络连通性测试

第五章　路由器

　　路由器是工作在网络层上,用于连接多个网络或网段的网络设备,它能将不同网络或网段之间的数据信息进行"翻译",以使它们能够相互"读懂"对方的数据,从而构成一个更大的网络。它与前面所介绍的集线器和交换机不同,它不是应用于同一网段的设备,而是应用于不同网段或不同网络之间的设备,属网际设备。

　　所谓"路由",是指把数据从一个地方传送到另一个地方的行为和动作,而路由器正是执行这种行为和动作的机器。路由器使用路由算法来找到到达目的网络的最佳路径。"路由选择"是指选择通过通信子网的"合理"传输路径。路由表的建立和维护是路由器技术的关键,建立和维护路由的算法称为路由算法。

　　路由器的主要工作就是为经过路由器的每个数据帧寻找一条最佳传输路径,并将该数据有效地传送到目的站点。由此可见,选择最佳路径的策略即路由算法是路由器的关键所在。为了完成这项工作,在路由器中保存着各种传输路径的相关数据——路由表(Routing Table),供路由选择时使用。路由表中保存着子网的标志信息、网上路由器的个数和下一个路由器的名字等内容。路由表可以是由系统管理员固定设置好的,也可以由系统动态修改;可以由路由器自动调整,也可以由主机控制。在路由器中涉及两个有关地址的名字概念,那就是:静态路由表和动态路由表。

　　(1)静态路由表:由系统管理员事先设置好固定的路由表称之为静态路由表,一般是在系统安装时就根据网络的配置情况预先设定的,它不会随未来网络结构的改变而改变。在所有的路由中,静态路由优先级最高。当动态路由与静态路由发生冲突时,以静态路由为准。

　　(2)动态路由表:动态路由表是路由器根据网络系统的运行情况而自动调整的路由表。路由器根据路由选择协议(Routing Protocol)提供的功能,自动学习和记忆网络运行情况,在需要时自动计算数据传输的最佳路径。动态路由适用于网络规模大、网络拓扑复杂的网络。

静态路由的优点是简单、高效、可靠,缺点是缺乏灵活性,静态路由不易改变。动态路由的优点是当网络变化时随时更新,但动态路由协议会不同程度地占用网络带宽和 CPU 资源。

5.1 路由器工作原理

5.1.1 基本概念

(1)IP。网络中的设备使用网络地址(TCP/IP 网络中为 IP 地址)进行通信。IP 地址是与硬件地址无关的"逻辑"地址。路由器只根据 IP 地址转发数据。IP 地址分为两个部分:网络号(网络地址)和网络内主机号(主机地址)。在 Internet 网络中采用子网掩码来确定 IP 地址中的网络地址和主机地址。以 IPv4 为例,子网掩码和 IP 地址分别转换成 32 位后进行"与"运算,所得即为网络地址,剩余的即为主机地址。网络地址和主机地址构成一个完整的 IP 地址。同一网络中的主机 IP 地址,其网络地址是相同的,这个网络成为 IP 子网。

(2)默认网关。通信只能在具有相同网络号的 IP 地址之间进行,要与其他 IP 子网的主机进行通信,则必须经过同一网络上的某个路由器或网关(Gateway)出去。不同网络号的 IP 地址不能直接进行通信,即使从物理结构上它们连接在一起也不能通信。当 IP 子网中的一台主机发送 IP 分组给不同 IP 子网上的主机上时,它要选择一个能到达目的子网的路由器,把 IP 分组送给该路由器,由路由器负责把 IP 分组送到目的地。如果没有找到这样的路由器,主机就把 IP 分组送给一个成为"默认网关"(Default Gateway)的路由器上。"默认网关"是每台主机上的一个配置参数,是接在同一个网络上的某个路由器端口的 IP 地址。

(3)路由表。路由表(Routing Table)是由若干的路由表项所组成的。路由表可以不同数据结构存在于所有具备第三层以上网络功能的设备中,如 PC、Firewall、Router,甚至具有网络功能的 PDA。一个路由表一般包含目的网络地址,下一个跳转地址,以及接口和 MAC 地址等字段。

5.1.2 工作原理

路由器利用网络层的源节点和目的地址来确定数据包发往哪个网络,如果源节点和目的网络号在同一个网络中,则送往该网络的指定主机。一个数据包到达路由器后,先进入队列,然后路由器逐一处理:提取数据包的目的地址,查看路由表,如果到达目的地的路径不止一个,则选择一条最佳路径。如果源子网的数据包太长,目的子网无法接受,路由器就把它分成更小的包,TCP/IP 协议中把这个过程叫"分段"。路由器的工作原理及操作过程主要包括以下几点:

(1)接受帧,分解 IP 数据包。

(2)IP 包头合法性验证,包括差错统计、IP 校验、IP 版本号、IP 首部长度、IP 数据包总长度等。

（3）IP 数据包选项处理，如在记录路由选项数据字段中写入自己的 IP 地址；在时间戳选项中写入自己的 IP 地址及当前字段标准时间计算值等。

（4）IP 数据包本地提交和向前转发。

（5）转发寻径，选择下一个路由器的地址。

（6）转发验证。

（7）TTL（Time to Live，生存时间）处理，数据包经过每个路由器都将此值减 1。当 TTL 值为 0，该数据包被丢弃。

（8）数据包分段，当要转发的 IP 数据包总长度大于要传输的物理网络最大传输单元，路由器对该数据包进行分段，提高网络传输效率，节省带宽，并提高传输路径上路由器的处理效率。

（9）链路层寻址，当路由器对 IP 数据包的处理已经基本完成了网络层上的功能后，便要寻找一个相应的物理端口将数据包从数据链路层转发出去。

5.2　IOS 软件

Cisco 的网际操作系统（IOS）是一个为网际互联进行优化的复杂的操作系统，是一个与硬件分离的软件体系结构，随网络技术的不断发展，可动态地升级以适应不断变化的软硬件技术。

IOS 用户接口提供了几种不同的命令访问模式，每一个命令模式提供了一组相关的命令。为安全起见，IOS 提供了两种命令访问级别：User 和 Privileged。无优先级的用户模式称作 User EXEC 模式，而 Privileged EXEC 被称作超级用户模式，需要有口令才能进入。用户模式下的命令集是超级用户下命令集的子集。

在超级用户级别下，可以进入配置模式和其下的十个特定的配置模式：interface，subinterface，controller，hub，map-list，map-class，line，router，ipx-router，router-map 等配置。

大多数系统配置命令都有 no 的形式，通常用 no 来取消掉一个配置过的命令。另外，在各种模式下的命令均可以用"？"来查找自己所需的命令。

（1）User EXEC 模式（一般用户模式）。从 Console 口或 Telnet 及 AUX 进入路由器后，系统直接进入 User EXEC 模式，它的命令是超级用户下的子集。通常，User EXEC 模式命令可以连接远端路由器，完成基本测试和系统信息显示。在 User EXEC 模式下，用户只能运行少数的命令，而且不能对路由器进行配置。在没有进行任何配置的情况下，缺省的路由器提示符为：Router＞。

如果设置了路由器的名字，则提示符为：路由器的名字＞。

在此提示符下，用户可以"？"列出命令提示。

(2)Privileged EXEC 模式（超级用户模式）。为安全起见，像 UNIX 作系统一样，在路由器的指令系统中，设定了一个超级用户模式，在这个模式下，用户可以更改配置，监控网络状态等。

在 User EXEC 下，用 *enable* 命令进入超级用户模式。

Router＞*enable*
Password：

在没有进行任何配置的情况下，键入该命令即可进入超级权限模式，如果设置了口令，则需要输入口令。缺省的超级用户提示符为：Router＃。

如果设置了路由器的名字，则提示符为：路由器的名字＃。

(3)Global 配置模式（全局设置模式）。Global 配置模式下可以设置一些全局性的参数，要进入 Global 配置模式，必须首先进入超级用户模式，然后，在超级权用户模式下键入 *configure terminal* 命令即可进入 Global 配置模式。

Router＃ *configure terminal*
其缺省提示符为：Router(config)＃

如果设置了路由器的名字，则其提示符为：路由器的名字(config)＃。

注意：设置口令后，一定不要忘记，否则要进入超级用户模式会很麻烦。在某些情况下，除非重新回忆起口令，否则无法进入超级用户模式。

Cisco IOS 的指令系统是配置完后即时生效的，但当关掉电源后会自动丢失。因此，要想保留已作的配置，必须在关机前把当前配置写入 NVRAM 中，下次开机时，自动从 NVRAM 中调入配置文件并执行。

在 Global 模式下，Cisco IOS 作了许多监控程序，它可以帮助用户调试，监控网络状态，性能等等：Router＃ *show*?。

在"?"下有许多信息，帮助你找寻想要的命令。

例如：

Router＃ *show conf* 显示配置文件的配置

Router＃ *show running-config* 显示当前正在运行的配置

Router＃ *show interface ethernet* 0 查看以太网端口 0 的状态

在路由器上，不同的端口是在不同的接口卡上的，故指定某一个端口必须包括槽口号和端口号(slot/port)。例如：interface serial 4/5 就表示串口卡在槽 4 上的第五个串口。

5.3 路由配置

5.3.1 静态路由的配置

静态路由是在路由器中设置的固定的路由表。除非网络管理员干预,否则静态路由不会发生变化。通过配置静态路由,用户可以人为地指定对某一网络访问时所要经过的路径。由于静态路由不能对网络的改变做出反映,在网络结构比较简单,且一般到达某一网络所经过的路径唯一的情况下采用静态路由。

表 5-1　静态路由配置命令

任务	命令
建立静态路由	ip route *prefix mask* {*address* | *interface*} [*distance*][tag tag] [permanent]

prefix:所要到达的目的网络。

mask:子网掩码。

address:下一跳的 IP 地址,即相邻路由器的端口地址。

interface:本地网络接口。

distance:管理距离(可选)。

tag *tag*:tag 值(可选)。

permanent:指定此路由即使该端口关掉也不被移掉。

5.3.2 动态路由的配置

动态路由是网络中的路由器之间相互通信,传递路由信息,利用收到的路由信息更新路由器表的过程,它能实时地适应网络结构的变化。如果路由更新信息表明发生了网络变化,路由选择软件就会重新计算路由,并发出新的路由更新信息。这些信息通过各个网络,引起各路由器重新启动其路由算法,并更新各自的路由表以动态地反映网络拓扑变化。

表 5-2　动态路由配置命令

任务	命令
指定使用 RIP 协议	router rip
指定 RIP 版本	version {1|2}
指定与该路由器相连的网络	network *network*

注:Cisco 的 RIP 版本 2 支持验证、密钥管理、路由汇总、无类域间路由(CIDR)和变长子网掩码(VLSMs)。

5.3.3 单臂路由的配置

单臂路由(router-on-a-stick)是指在路由器的一个接口上通过配置子接口的方

式,实现原来相互隔离的不同 VLAN 之间的连通。从拓扑结构图上看,在交换机与路由器之间,数据从一条线路进去,又从一个线路出来,两条线路重合,故称之为"单臂路由"。

VLAN 能有效分割局域网,实现各网络区域之间的访问控制。但现实中,往往需要配置某些 VLAN 之间的连通。比如,公司划分为领导层、销售部、财务部、人力部、科技部、审计部,并为不同部门配置了不同的 VLAN,部门之间不能相互访问,有效保证了各部门的信息安全。但经常出现领导层需要跨越 VLAN 访问其他各个部门,这个功能可在交换机上通过跨交换机实现 VLAN 通信,也可由单臂路由来实现。

实验一 路由器的初始化配置

一、实验目的

1. 认识路由器。

2. 通过 Console 电缆实现 PC 机与路由器的连接。

3. 正确配置 PC 机仿真终端程序的串口参数。

4. 熟悉路由器的开机自检过程和输出界面。

二、实验内容

1. 实验设备。

(1)思科 CISCO 交换机 1 台。

(2)PC 机 1 台,操作系统为 Windows 系列,装有超级终端程序。

(3)网线 1 条。

(4)Console 电缆 1 条。

2. 实验环境。

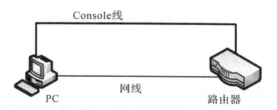

图 5-1 网络拓扑结构图

交换机端口缺省设置:

(1)端口速率:9600bps。

(2)数据位:8。

(3)奇偶校验:无。

(4)停止位:1。

(5)数据流控制:无。

3. 实验步骤。

(1)打开 PC 机超级终端,将串行端口的属性按上述参数进行设置。

（2）通过 Console 口直接访问路由器。在超级终端正常开启的情况下，接通路由器的电源，开始路由器的设置对话过程。

利用设置对话过程可以避免手工输入命令的烦琐，但还不能完全代替手工设置，一些特殊的设置还必须通过手工输入的方式完成。

进入设置对话过程后，路由器首先会显示一些提示信息（注：不同品牌型号的路由器，初始化配置对话过程有所不同）：

-System Configuration Dialog-

是否进入初始化配置对话：

Would you like to enter the initial configuration dialog? ［*yes/no*］：*y*

提示用户在系统配置对话过程中的任何地方都可以键入"？"得到系统的帮助，按 CTRL＋C 可以退出设置对话，缺省设置将显示在'［］'中：

At any point you may enter a question mark '*?* ' *for help.*

Use ctrl-c to abort configuration dialog at any prompt.

Default settings are in square brackets '［］'.

Basic management setup configures only enough connectivity for management of the system, extended setup will ask you to configure each interface on the system

是否进行基本管理配置：

Would you like to enter basic management setup? ［*yes/no*］：*y*

路由器主机名称设置：

Configuring global parameters：

Enter host name ［*Router*］：*CISCO*

The enable secret is a password used to protect access to privileged EXEC and configuration modes. This password, after entered, becomes encrypted in the configuration.

设置进入特权模式的密文（secret），此密文在设置之后不会以明文方式显示：

Enter enable secret：*network*

The enable password is used when you do not specify an enable secret password, with some older software versions, and some boot images.

设置进入特权状态的密码（password），此密码只在没有密文时起作用，并且在设置之后会以明文方式显示：

Enter enable password：*net*

The virtual terminal password is used to protect access to the router over a network inter-

face.

设置虚拟终端访问密码：

Enter virtual terminal password：network

Configure SNMP Network Management？〔yes〕：y

 Community string 〔public〕：public

显示当前各个端口状态信息：

Current interface summary

Any interface listed with OK？value " NO " does not have a valid configuration

Interface	*IP-Address*	*OK？*	*Method*	*Status*	*Protocol*
Ethernet0/0	*unassigned*	*NO*	*unset*	*up*	*up*
Ethernet0/1	*unassigned*	*NO*	*unset*	*up*	*up*

Enter interface name used to connect to the management network from the above interface summary：ethernet0/0

Configuring interface Ethernet0/0：

Configure IP on this interface？〔yes〕：y

IP address for this interface：192.168.1.1

Subnet mask for this interface 〔255.255.255.0〕：

Class C network is 192.168.1.0，24 subnet bits；mask is /24

显示系统初始化配置信息：

The following configuration command script was created：

hostname CISCO

enable secret 5 1 xjMO$ raTrJ/13cFBAvEq8Brw.i/

enable password net

line vty 0 4

password network

snmp-server community public

!

no ip routing

!

interface Ethernet0/0

no shutdown

ip address 192.168.1.1 255.255.255.0

!

interface Ethernet0/1

shutdown

no ip address

!

End

选择操作方式，使路由器开始正常工作：

[0] *Go to the IOS command prompt without saving this config.*

[1] *Return back to the setup without saving this config.*

[2] *Save this configuration to nvram and exit.*

实验二　路由器与直连网络

一、实验目的

1.熟悉广域网组网方式要求。

2.了解路由器的基本配置命令。

3.掌握直连网络的配置方法。

4.用一个路由器连接两个直连网络:192.168.1.0/24,192.168.2.0/24,测试连通性。

二、实验内容

1.实验设备。

(1)路由器1台。

(2)交换机或集线器1台。

(3)双绞线及Console电缆线若干。

(4)PC机3台。

2.实验环境。

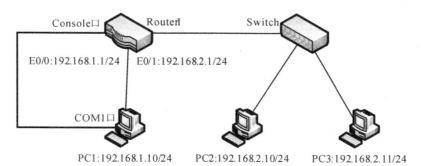

图 5-2　网络拓扑结构图

3.实验步骤。

(1)按照网络拓扑结构,正确连接计算机和路由器。

(2)用Console线连接PC机的COM1口和路由器的Console端口,并设置超级终端参数,以保证PC机与路由器之间的正确连接。

（3）设置工作站网络参数。

①设置 PC1 的 IP 地址为 192.168.1.10,子网掩码为 255.255.255.0;设置默认网关为路由器 Router1 以太网端口 E0/0 的 IP 地址:192.168.1.1。

②设置 PC2 的 IP 地址为 192.168.2.10,子网掩码为 255.255.255.0;设置默认网关为路由器 Router1 以太网端口 E0/1 的 IP 地址:192.168.2.1。

③设置 PC3 的 IP 地址为 192.168.2.11,子网掩码为 255.255.255.0;设置默认网关为路由器 Router1 以太网端口 E0/1 的 IP 地址:192.168.2.1。

（4）启动并进入路由器,配置路由器端口参数:

! 启动路由器,进入普通用户状态

Router＞

! 进入特权模式

Router＞*enable*

Router＃*config terminal*

! 设置路由器网络接口及其参数(注:此处接口名称为 ethernet0/0,不同型号的路由器此名称会有不同,实验时需根据具体路由器上接口的名称来指定)

Router(config)＃*interface ethernet*0/0

! 为接口 ethernet0/0 设置 IP 地址和子网掩码

Router(config-if)＃*ip address* 192.168.1.1 255.255.255.0

! 启动设置好的网络接口

Router(config-if)＃*no shutdown*

! 退出 ethernet0/0 接口

Router(config-if)＃*exit*

（5）设置另一个网络接口 ethernet0/1。

Router(config)＃*interface ethernet*0/1

Router(config-if)＃*ip address* 192.168.2.1 255.255.255.0

Router(config-if)＃*no shutdown*

Router(config-if)＃*exit*

Router(config-if)＃*exit*

! 查看当前路由器上的网络接口信息

Router＃*show interface*

Ethernet0/0 is up, line protocol is up

Hardware is AmdP2, address is 0008.e3c8.4260 (bia 0008.e3c8.4260)

Internet address is 192.168.1.1/24

……

Ethernet0/1 is up, line protocol is up

Hardware is AmdP2，address is 0008. e3c8. 4261（bia 0008. e3c8. 4261）

Internet address is 192. 168. 2. 1/24

……

！查看当前路由器上路由表信息

Router＃ *show ip route*

Gateway of last resort is not set

C   192. 168. 1. 0/24 is directly connected，Ethernet0/0

C   192. 168. 2. 0/24 is directly connected，Ethernet0/1

（6）使用 PING 命令测试 PC 机间的连通性。在 PC1 上执行 ping 192. 168. 2. 10，结果如图 5-3 所示。

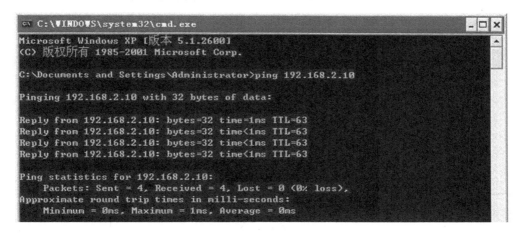

图 5-3　直连网络连通性测试

实验三　静态路由配置

一、实验目的

1.熟悉和掌握静态路由协议的配置命令。

2.在实验一直连网络的基础上,使用静态路由协议连接三个网络:192.168.1.0/24,192.168.2.0/24,192.168.3.0/24,测试连通性。

二、实验内容

1.实验设备。

(1)路由器2台。

(2)交换机或集线器1台。

(3)双绞线及Console电缆线若干。

(4)PC机4台。

2.实验环境。

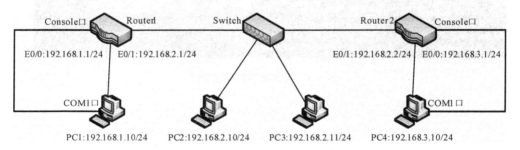

图 5-4　网络拓扑结构图

3.实验步骤。

(1)按照网络拓扑结构,正确连接计算机和路由器。

(2)用Console线连接PC机的COM1口和路由器的Console端口,并设置超级终端参数,以保证PC机与路由器之间的正确连接。

(3)设置工作站网络参数。

①设置PC1的IP地址为192.168.1.10,子网掩码为255.255.255.0;设置默认网关为路由器Router1以太网端口E0/0的IP地址:192.168.1.1。

②设置 PC2 的 IP 地址为 192.168.2.10,子网掩码为 255.255.255.0;设置默认网关为路由器 Router1 以太网端口 E0/1 的 IP 地址:192.168.2.1。

③设置 PC3 的 IP 地址为 192.168.2.11,子网掩码为 255.255.255.0;设置默认网关为路由器 Router2 以太网端口 E0/1 的 IP 地址:192.168.2.2。

④设置 PC4 的 IP 地址为 192.168.3.10,子网掩码为 255.255.255.0;设置默认网关为路由器 Router2 以太网端口 E0/1 的 IP 地址:192.168.3.1。

(4)按照实验一的步骤分别配置路由器 Router1 和 Router2 的直连网络。

(5)设置路由器 Router1 和 Router2 上的静态路由。

! 配置路由器 Router1 上的静态路由

Router(config)♯ *ip route* 192.168.3.0 255.255.255.0 192.168.2.2

! 显示路由器 Router1 上的路由信息

Router(config)♯ *show ip route*

Gateway of last resort is not set

C   192.168.1.0/24 is directly connected,Ethernet0/0

C   192.168.2.0/24 is directly connected,Ethernet0/1

S   192.168.3.0/24 [1/0] via 192.168.2.2

! 配置路由器 Router2 上的静态路由

Router(config)♯ *ip route* 192.168.1.0 255.255.255.0 192.168.2.1

! 显示路由器 Router2 上的路由信息

Router(config)♯ *show ip route*

Gateway of last resort is not set

C   192.168.3.0/24 is directly connected,Ethernet0/0

C   192.168.2.0/24 is directly connected,Ethernet0/1

S   192.168.1.0/24 [1/0] via 192.168.2.1

(6)使用 PING 命令测试 PC 机间的连通性。在 PC1 上执行 ping 192.168.3.10,结果如下图所示。

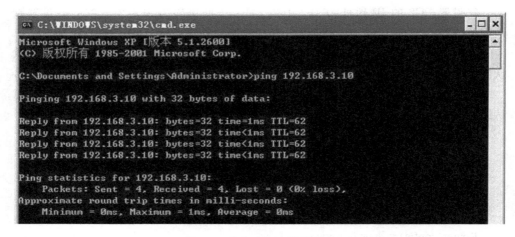

图 5-5　静态路由连通性测试

在 PC1 上执行 ping 192.168.2.10,结果如图 5-6 所示。

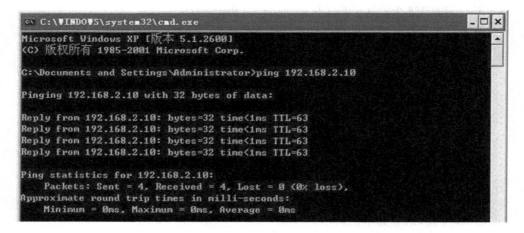

图 5-6　PC1 与 PC2 网络连通性测试

在 PC1 上执行 ping 192.168.2.11,结果如图 5-7 所示。

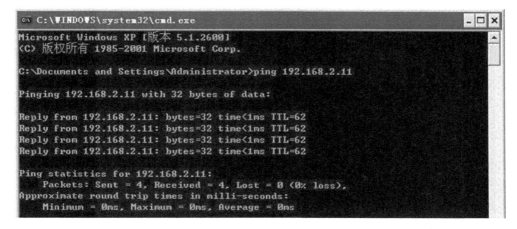

图 5-7 PC1 与 PC3 网络连通性测试

三、上机思考题

1. 在实验中,ping 192.168.2.10 与 ping 192.168.2.11 的连通性测试结果中,TTL 值有何不同？为什么？

实验四   动态路由配置

一、实验目的

1.熟悉和掌握基于 RIP 的动态路由协议的配置命令。

2.使用基于 RIP 的动态路由协议连接三个网络：192.168.1.0/24，192.168.2.0/24,192.168.3.0/24,测试连通性。

二、实验内容

1.实验设备。

(1)路由器 2 台。

(2)交换机或集线器 1 台。

(3)双绞线及 Console 电缆线若干。

(4)PC 机 4 台。

2.实验环境。

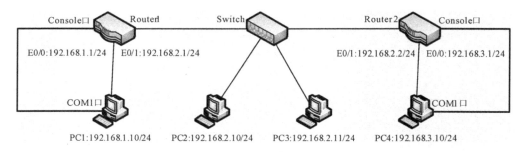

图 5-8   网络拓扑结构图

3.实验步骤。

(1)按照网络拓扑结构,正确连接计算机和路由器。

(2)用 Console 线连接 PC 机的 COM1 口和路由器的 Console 端口,并设置超级终端参数,以保证 PC 机与路由器之间的正确连接。

(3)设置工作站网络参数。

①设置 PC1 的 IP 地址为 192.168.1.10,子网掩码为 255.255.255.0;设置默认网关为路由器 Router1 以太网端口 E0/0 的 IP 地址:192.168.1.1。

②设置 PC2 的 IP 地址为 192.168.2.10,子网掩码为 255.255.255.0;设置默认网关为路由器 Router1 以太网端口 E0/1 的 IP 地址:192.168.2.1。

③设置 PC3 的 IP 地址为 192.168.2.11,子网掩码为 255.255.255.0;设置默认网关为路由器 Router1 以太网端口 E0/1 的 IP 地址:192.168.2.1,或设置默认网关为路由器 Router2 以太网端口 E0/1 的 IP 地址:192.168.2.2。

④设置 PC4 的 IP 地址为 192.168.3.10,子网掩码为 255.255.255.0;设置默认网关为路由器 Router2 以太网端口 E0/1 的 IP 地址:192.168.3.1。

(4)启动并进入路由器,配置路由器 Router1 的端口参数:

```
Router>enable
Router#config terminal
Router(config)#interface ethernet0/0
Router(config-if)#ip address 192.168.1.1 255.255.255.0
Router(config-if)#no shutdown
Router(config-if)#exit
Router(config)#interface ethernet0/1
Router(config-if)#ip address 192.168.2.1 255.255.255.0
Router(config-if)#no shutdown
Router(config-if)#exit
```

(5)启动并进入路由器,配置路由器 Router2 的端口参数:

```
Router>enable
Router#config terminal
Router(config)#interface ethernet0/0
Router(config-if)#ip address 192.168.3.1 255.255.255.0
Router(config-if)#no shutdown
Router(config-if)#exit
Router(config)#interface ethernet0/1
Router(config-if)#ip address 192.168.2.2 255.255.255.0
Router(config-if)#no shutdown
Router(config-if)#exit
```

(6)设置路由器 Router1 上的动态路由:

```
Router(config)#router rip
Router(config-router)#network 192.168.1.0
Router(config-router)#network 192.168.2.0
! 显示路由器 Router1 上的路由信息
Router(config)#show ip route
```

Gateway of last resort is not set

C   192.168.1.0/24 is directly connected，Ethernet0/0

C   192.168.2.0/24 is directly connected，Ethernet0/1

（7）设置路由器 Router2 上的动态路由：

Router(config)♯ *router rip*

Router(config-router)♯ *network* 192.168.2.0

Router(config-router)♯ *network* 192.168.3.0

！显示路由器 Router2 上的路由信息

Router(config)♯ *show ip route*

Gateway of last resort is not set

C   192.168.3.0/24 is directly connected，Ethernet0/0

C   192.168.2.0/24 is directly connected，Ethernet0/1

（8）使用 PING 命令测试 PC 机间的连通性。在 PC1 上执行 ping 192.168.3.10,结果如图 5-9 所示。

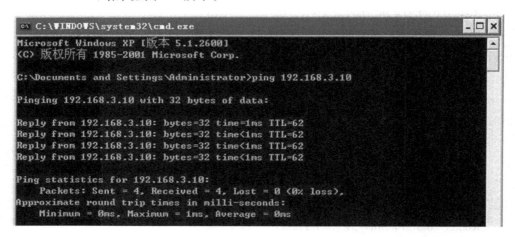

图 5-9　动态路由网络连通性测试

在 PC1 上执行 ping 192.168.2.10,结果如图 5-10 所示。

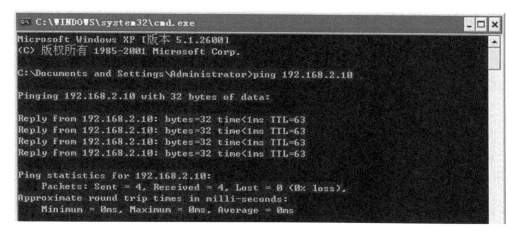

图 5-10　PC1 与 PC2 网络连通性测试

在 PC1 上执行 ping 192.168.2.11,结果如图 5-11 所示。

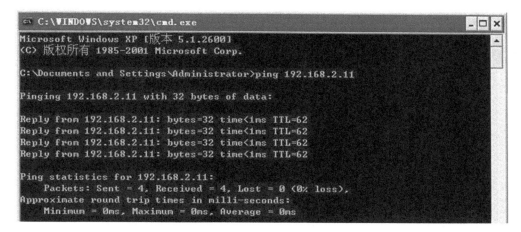

图 5-11　PC1 与 PC3 网络连通性测试

(9)显示路由器 Router1 上的路由信息:

Router(config) # *show ip route*

Gateway of last resort is not set

C   192.168.1.0/24 is directly connected,Ethernet0/0

C   192.168.2.0/24 is directly connected,Ethernet0/1

R   192.168.3.0/24 [1/0] via 192.168.2.2

(10)显示路由器 Router2 上的路由信息：

Router(config)# *show ip route*

Gateway of last resort is not set

C   192.168.3.0/24 is directly connected，Ethernet0/0

C   192.168.2.0/24 is directly connected，Ethernet0/1

R   192.168.1.0/24 [1/0] via 192.168.2.1

三、上机思考题

1. 在实验中，为什么在配置完成基于 RIP 的动态路由后（实验步骤第④步），使用 show ip route 命令，而路由表中只有直连网络信息，没有动态路由信息？

实验五　单臂路由配置

一、实验目的

1. VLAN 间的主机通信为不同网段间的通信,需要通过三层设备对数据进行路由转发。

2. 在路由器上对物理接口划分子接口并封装 802.1q 协议,使每一个子接口都充当一个 VLAN 网段中主机的网关,利用路由器的三层路由功能可以实现不同 VLAN 间的通信。

3. 划分 VLAN 减小广播域的范围。

4. 利用路由器的单臂路由功能实现 VLAN 间路由。

二、实验内容

1. 实验设备。

(1)路由器 1 台。

(2)交换机 1 台。

(3)双绞线及 Console 电缆线若干。

(4)PC 机 2 台。

2. 实验环境。

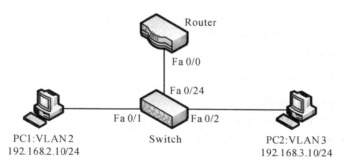

图 5-12　网络拓扑结构图

3. 实验步骤。

(1)按照网络拓扑结构,正确连接计算机、交换机和路由器。

(2)用 Console 线连接 PC 机的 COM1 口与交换机和路由器的 Console 端口,

并设置超级终端参数,以保证 PC 机与交换机和路由器之间的正确连接。

(3)设置工作站网络参数。

①设置 PC1 的 IP 地址为 192.168.2.10,子网掩码为 255.255.255.0;设置默认网关为 192.168.1.1。

②设置 PC2 的 IP 地址为 192.168.3.10,子网掩码为 255.255.255.0;设置默认网关为 192.168.2.1。

(4)在路由器上配置网络子接口并封装 802.1q。

Router # *configure terminal*

Router(config) # *interface fastEthernet* 0/0

Router(config-if) # *no shutdown*

! 创建并进入路由器子接口

Router(config-if) # *interface fa* 0/0.1

! 对子接口进行描述

Router(config-subif) # *description vlan* 2

! 对子接口封装 801.2q 协议,并定义 VID 为 2

Router(config-subif) # *encapsulation dot* 1*q* 2

! 为子接口配置 IP 地址

Router(config-subif) # *ip address* 192.168.2.1 255.255.255.0

Router(config-subif) # *no shutdown*

Router(config-subif) # *exit*

Router(config) # *interface fa* 0/0.2

Router(config-subif) # *description vlan* 3

Router(config-subif) # *encapsulation dot* 1*q* 3

Router(config-subif) # *ip address* 192.168.3.1 255.255.255.0

Router(config-subif) # *no shutdown*

Router(config-subif) # *end*

(5)在交换机上定义 Trunk。

Switch # *configure terminal*

! 将与路由器相连的端口配置为 Trunk 口

Switch(config) # *interface fastEthernet* 0/24

Switch(config-if) # *switchport mode trunk*

Switch(config-if) # *exit*

(6)在交换机上划分 VLAN。

Switch(config) # *vlan* 2

Switch(config-vlan) # *vlan* 3

Switch(config-vlan)♯ *exit*

Switch(config)♯ *interface fastEthernet* 0/1

Switch(config-if)♯ *switchport access vlan* 2

Switch(config-if)♯ *exit*

Switch(config)♯ *interface fa* 0/2

Switch(config-if)♯ *switchport access vlan* 3

Switch(config-if)♯ *end*

（7）使 用 PING 命 令 测 试 PC 机 间 的 连 通 性。在 PC1 上 执 行 ping 192.168.3.10,结果如图 5-13 所示。

图 5-13　单臂路由网络连通性测试

实验六　VTY

一、实验目的

1. 掌握在路由器上使用访问控制列表（Access Control List，ACL）进行 VTY 虚拟终端访问控制（Virtual Teletype Terminal，虚拟终端），增强路由器的安全性。

2. 配置路由器 Router1 的访问控制列表，允许 IP 地址为 192.168.1.10 和 192.168.1.11 的 PC 机远程登录路由器 Router1。

二、实验内容

1. 实验设备。

(1) 路由器 2 台。

(2) PC 机 1 台。

(3) 网线若干。

2. 实验环境。

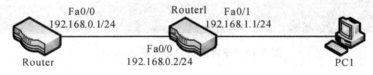

图 5-14　网络拓扑结构图

3. 实验步骤。

(1) 按照网络拓扑结构，正确连接计算机和路由器。

(2) 用 Console 线连接 PC 机的 COM1 口和路由器的 Console 端口，并设置超级终端参数，以保证 PC 机与路由器之间的正确连接。

(3) 配置路由器 Router。

Router＞

Router＞*en*

Router # *conf t*

Router(config) # *interface fa0/0*

Router(config-if) # *ip address* 192.168.0.1 255.255.255.0

Router(config-if) # *no shutdown*

Router(config-if)# *exit*

！设置远程登录路由器后特权模式密码

Router(config)# *enable password network*

！配置支持会话数,从 0 开始到 4,支持 5 个会话

Router(config)# *line vty* 0 4

！设置远程登录密码

Router(config-line)# *password net*

！设置需要登录,不需要登录为 no login

Router(config-line)# *login*

Router(config-line)# *exit*

！配置路由

Router(config)# *ip route* 0.0.0.0 0.0.0.0 192.168.0.2

！配置访问控制列表

Router(config)# *access-list* 10 *permit host* 192.168.1.10

Router(config)# *access-list* 10 *permit host* 192.168.1.11

！设置出以上 IP 地址外,拒绝来自其余 IP 地址的远程登录

Router(config)# *access-list* 10 *deny any*

Router(config)# *line vty* 0 4

Router(config-line)# *access-class* 10 *in*

Router(config-line)# *exit*

Router(config)# *exit*

(4)配置路由器 Router1。

Router1>

Router1> *en*

Router1# *conf t*

Router1(config)# *interface fa*0/0

Router1(config-if)# *ip address* 192.168.0.2 255.255.255.0

Router1(config-if)# *no shutdown*

Router1(config-if)# *exit*

Router1(config)# *interface fa*0/1

Router1(config-if)# *ip address* 192.168.1.1 255.255.255.0

Router1(config-if)# *no shutdown*

Router1(config-if)# *exit*

Router1(config)# *ip route* 0.0.0.0 0.0.0.0 192.168.0.1

(5)在路由器 Router1 上远程登录路由器 Router,由于路由器 Router1 访问端口配置的 IP 地址为 192.168.1.1,因此路由器 Router 拒绝访问:

Router1♯ *telnet* 192.168.0.1 /*source-interface fa*0/1

% Connection refused by remote host

（6）修改路由器 Router1 的端口参数为 192.168.1.10/24 或 192.168.1.11/24,进行远程登录测试:

Router1(config)♯ *interface fa*0/1

Router1(config-if)♯ *ip address* 192.168.1.10 255.255.255.0

Router1(config-if)♯ *exit*

Router1(config)♯ *exit*

Router1♯ *telnet* 192.168.0.1 /*source-interface fa*0/1

User Access Verification

! 输入远程登录密码为 net

Password：

Router＞*en*

! 输入特权模式密码为 network

Password：

! 切换至路由器 Router 操作界面

Router♯ *show ip route*

Gateway of last resort is 192.168.0.2 to network 0.0.0.0

C   192.168.0.0/24 is directly connected，FastEthernet0/0

S＊   0.0.0.0/0 [1/0] via 192.168.0.2

Router♯ *exit*

[Connection to 192.168.0.1 closed by foreign host]

（7）PC 机远程登录测试。

①恢复路由器 Router1 的端口参数为 192.168.1.1/24。

②设置 PC1 的 IP 地址为 192.168.1.10 或 192.168.1.11,子网掩码为 255.255.255.0,默认网关为 192.168.1.1。远程登录测试结果如图 5-15～图 5-17 所示:

```
C:\WINDOWS\system32\cmd.exe                                    _ □ ×

Microsoft Windows XP [版本 5.1.2600]
(C) 版权所有 1985-2001 Microsoft Corp.

C:\Documents and Settings\Administrator>ipconfig

Windows IP Configuration


Ethernet adapter 本地连接:

        Connection-specific DNS Suffix  . :
        IP Address. . . . . . . . . . . . : 192.168.1.10
        Subnet Mask . . . . . . . . . . . : 255.255.255.0
        Default Gateway . . . . . . . . . : 192.168.1.1

C:\Documents and Settings\Administrator>telnet 192.168.0.1_
```

图 5-15   PC1 以 telnet 方式登录路由器 Router

```
Telnet 192.168.0.1                                            _ □ ×


User Access Verification

Password:
Router>enable
Password:
Router#show ip route
Codes: C - connected, S - static, I - IGRP, R - RIP, M - mobile, B - BGP
       D - EIGRP, EX - EIGRP external, O - OSPF, IA - OSPF inter area
       N1 - OSPF NSSA external type 1, N2 - OSPF NSSA external type 2
       E1 - OSPF external type 1, E2 - OSPF external type 2, E - EGP
       i - IS-IS, L1 - IS-IS level-1, L2 - IS-IS level-2, ia - IS-IS inter area
       * - candidate default, U - per-user static route, o - ODR
       P - periodic downloaded static route

Gateway of last resort is 192.168.0.2 to network 0.0.0.0

C    192.168.0.0/24 is directly connected, Ethernet0/0
S*   0.0.0.0/0 [1/0] via 192.168.0.2
Router#_
```

图 5-16   PC1 登录成功

129

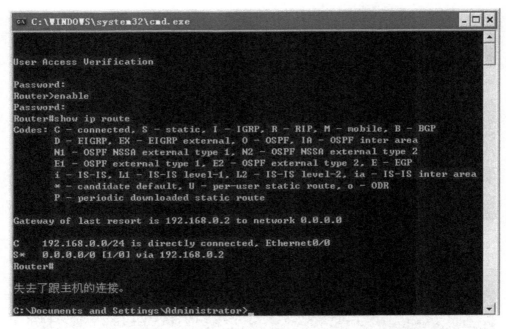

图 5-17   PC1 输入 exit 命令退出登录

③设置 PC1 的 IP 地址为 192.168.1.13,子网掩码为 255.255.255.0,默认网关为 192.168.1.1。远程登录测试结果如图 5-18 所示:

图 5-18   PC1 以 telnet 方式登录路由器 Router 失败

第六章　网络模拟软件

　　Packet Tracer 是一款由思科系统(Cisco Systems，Inc.)开发的思科交换路由配置模拟器,可用于培训和教育,也可用于研究简单的计算机网络模拟,为计算机网络学习者提供了一个非常理想的网络模拟环境。用户可以利用 Packet Tracer,模拟各种网络设备、网络环境,进行网络配置实验。此外,Packet Tracer 还提供了对网络数据包进行捕获分析的功能。

　　Packet Tracer 的当前版本支持数组的模拟应用层协议,以及基本的路由例如路由信息协议、OSPF、EIGRP 等目前 CCNA 课程所需的范围。Packet Tracer 使学生能够实践网络行为和提出假设分析。作为 Cisco Networking Academy 全面学习体验的重要组成部分,Packet Tracer 提供模拟、可视化、制作、评估和协作功能,并有助于教授和学习复杂的技术概念。

　　本章结合实验主要介绍 Packet Tracer 在网络配置方面的主要功能。

实验一　网络模拟软件

一、实验目的

1.了解 Packet Tracer 的基本功能。

2.利用 Packet Tracer 软件配置静态路由,实现网络互连。

二、实验内容

1.实验设备

(1)PC 机一台,装有 Packet Tracer 软件。

2. 实验环境

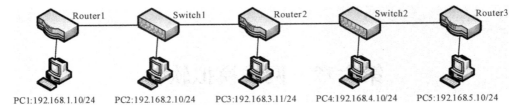

PC1:192.168.1.10/24　　PC2:192.168.2.10/24　　PC3:192.168.3.11/24　　PC4:192.168.4.10/24　　PC5:192.168.5.10/24

图 6-1　网络拓扑结构图

3. 实验步骤

(1)启动 CISCO Packet Tracer。主界面如图 6-2 所示。

图 6-2　CISCO Packet Tracer 主界面

(2)添加设备。

根据网络拓扑结构图的要求,将设备列表中提供的路由器、交换机和终端设备拖动至绘图区。本实验中,路由器 Router1 和 Router3 可选择 2621XM,交换机可选择 2950—24,PC 机可选择 Generic(PC—PT)。

图 6-3 Routers 设备列表

图 6-4 Switch 设备列表

图 6-5 终端设备列表

(3)添加设备模块。

本实验中路由器 Router2 选择的相应设备为仍为路由器 2621XM,但由于网络接口数量的要求,需要添加新的模块。

可拖动路由器 2621XM 至绘图区。双击 Router2 弹出路由器操作界面,如图 6-6 所示。从 Physical 选项卡可查看当前路由器的物理模块、模块信息、开关机状态、可自定义添加的模块列表及信息。可发现当前 2621XM 的接口数量不符合实验要求,因此从"MODULES"中选择添加"NM-4E"模块。"NM-4E"物理模块及基本信息可从"MODULES"列表下方查看。

在"关机"状态下拖动"NM-4E"物理模块至路由器空余插槽处,完成模块添加操作如图 6-7 所示。

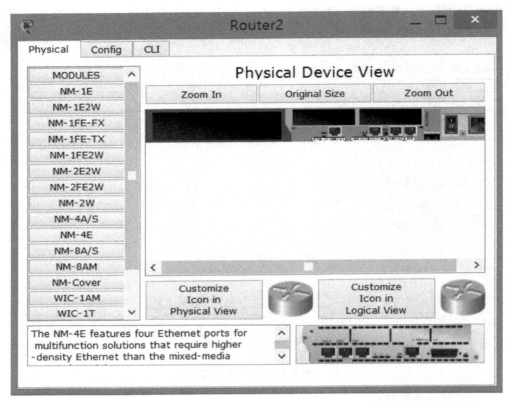

图 6-6　路由器 2621XM（Physical 选项卡）

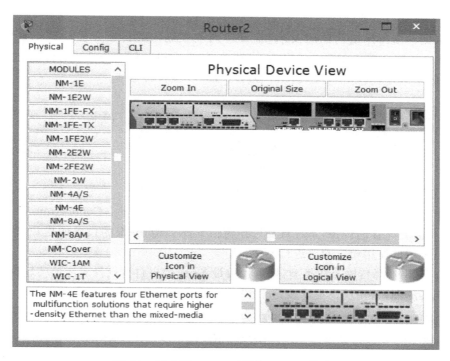

图 6-7 路由器 2621XM（添加 NM-4E 模块）

通过以上操作，完成网络设备添加。

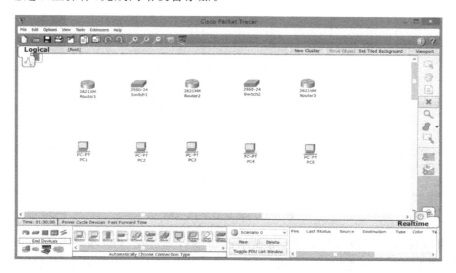

图 6-8 网络设备

（4）添加设备连线。

根据网络拓扑结构图的要求,将设备列表中提供的传输介质拖动至绘图区。图 6-9 中传输介质从左至右依次为:自动选择、Console 线、直连线、交叉线、光纤、电话线、同轴电缆、Serial DCE、Serial DTE、CISCO 设备转接线。

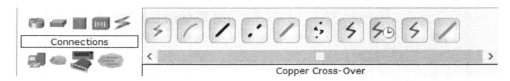

图 6-9　传输介质列表

① 自动选择传输介质类型:选择"Automatically Choose Connection Type"按钮,点击需要连接的设备,系统自动选择传输介质类型,并根据设备的模块号/接口号的顺序依次使用相应端口进行连接。

② 自主选择传输介质类型:根据连接设备,由用户自行选择对应的传输介质类型和连接的端口,完成设备连接。

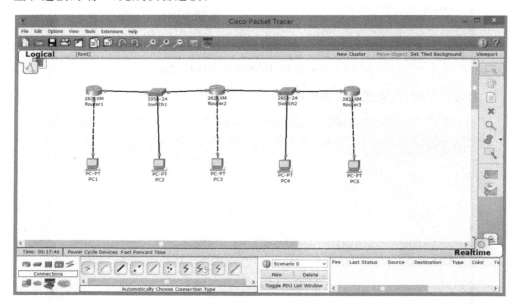

图 6-10　路由器修改名称

将鼠标移动至设备连接点,可显示连接端口。可在"Options-Preferences-Interface"选项卡中勾选"Always Show Port Labels",选择在绘图区中显示连接的端口。点击设备连接点并拖动至相应设备,在弹出菜单中修改连接端口。

（5）删除设备或连线。

在 Packet Tracer 软件界面中按键盘"Delete"键，或选择按钮后，点击相应设备或连线进行删除操作。

（6）修改设备名称。

单击设备，在 Config 选项卡中可对设备名称等信息进行修改。路由器和交换机可修改显示名称和 IOS 中的主机名称，终端设备可修改显示名称。

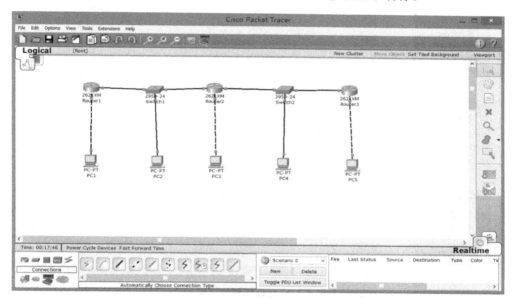

图 6-11　路由器修改名称

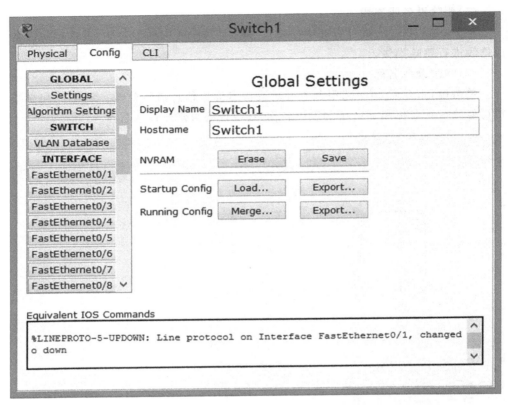

图 6-12　交换机修改名称

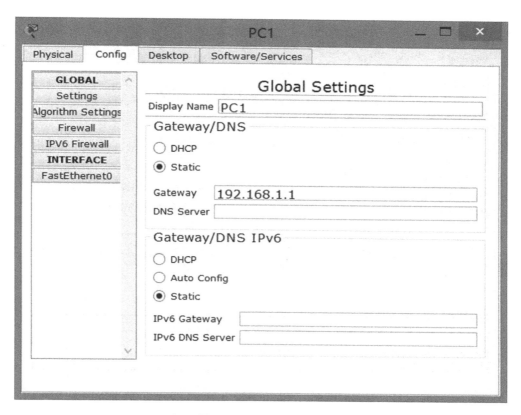

图 6-13　PC 机修改名称

(7)配置设备参数。

① 图形化界面方式配置设备参数：单击设备，在 Config 选项卡中可选择左边列表中提供的选项，以图形化界面的方式对设备参数进行修改。

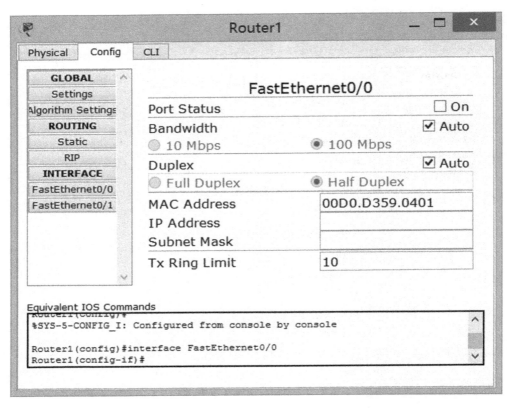

图 6-14　路由器使用 Config 选项卡修改参数

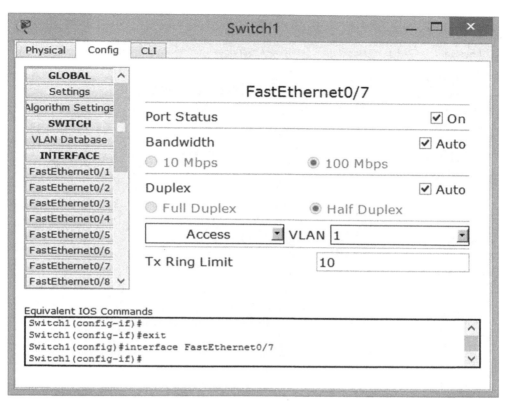

图 6-15　交换机使用 Config 选项卡修改参数

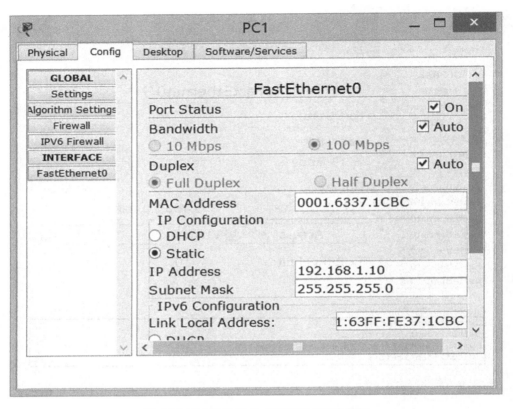

图 6-16　PC 机使用 Config 选项卡修改参数

　　② 命令行方式配置路由器和交换机：单击路由器或交换机设备，在 CLI 选项卡中可使用命令方式配置交换机和路由器。

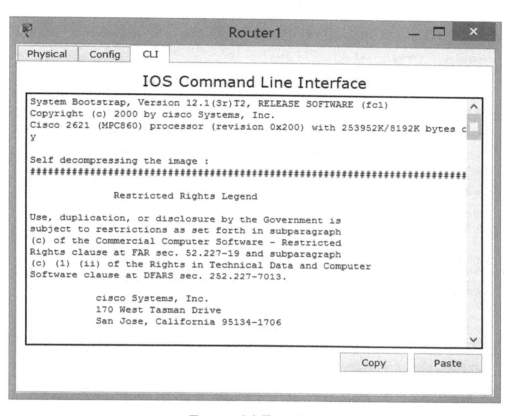

图 6-17　路由器 CLI 界面

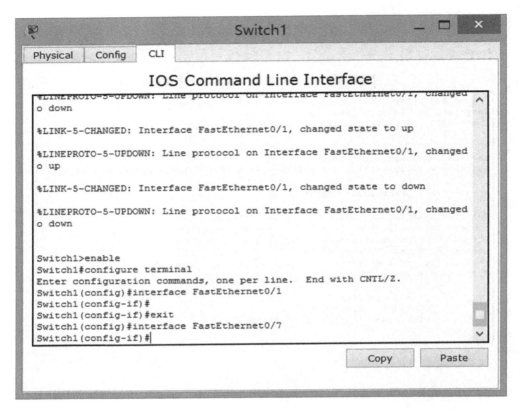

图 6-18　交换机 CLI 界面

③ 使用桌面工具配置 PC 机：单击 PC 机，在 Desktop 选项卡中可使用各种工具配置和使用 PC 机。

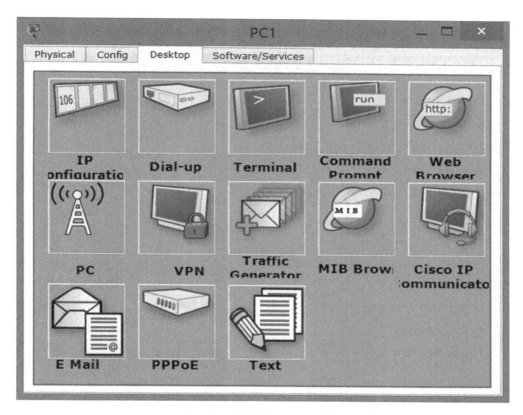

图 6-19　PC 机 Desktop 选项卡

可使用"IP Configuration"工具配置 PC 机网络参数，使用"Command Prompt"
进行连通性测试（类似于"命令提示符"）。

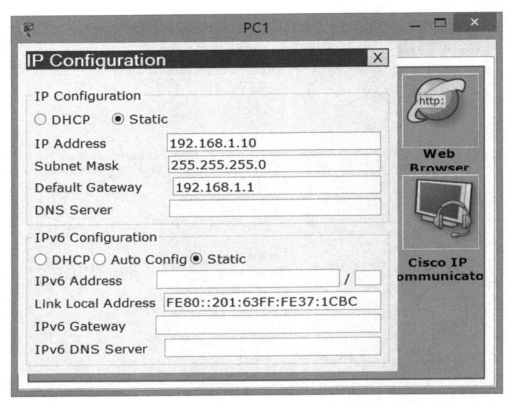

图 6-20　PC 机使用"IP Configuration"修改网络参数

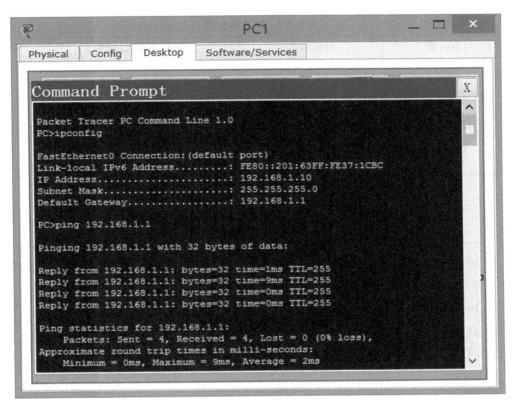

图 6-21　PC 机使用"Command Prompt"进行连通性测试

本实验参考的路由器参数信息和路由表信息如表 6-1、表 6-2 所示：

表 6-1　路由器参数

路由器	型号	端口参数	连接网络
Router1	2621XM	192.168.1.1/24	192.168.1.0(PC1)
		192.168.2.1/24	192.168.2.0(Switch1)
Router2	2621XM (NM-4E)	192.168.2.2/24	192.168.2.0(Switch1)
		192.168.3.1/24	192.168.3.0(PC3)
		192.168.4.1/24	192.168.4.0(Switch2)
Router3	2621XM	192.168.4.2/24	192.168.4.0(Switch2)
		192.168.5.1/24	192.168.5.0(PC5)

表 6-2 路由表信息

路由器	目标网络	相邻路由器(跳转地址)
Router 1	192.168.3.0	Router2(192.168.2.2)
	192.168.4.0	
	192.168.5.0	
Router 2	192.168.1.0	Router 1(192.168.2.1)
	192.168.5.0	Router 3(192.168.4.2)
Router 3	192.168.1.0	Router 2(192.168.4.1)
	192.168.2.0	
	192.168.3.0	

通过上表可以发现,对于 Router1 而言,达到其他网络的下一个相邻路由器都是 Router2(192.168.2.2),因此可以配置默认静态路由:

Router1(config)# *ip route* 0.0.0.0 0.0.0.0 192.168.2.2

同理,对于 Router3 而言,到达其他网络的下一个相邻路由器都是 Router2(192.168.4.1),因此也可以配置默认静态路由:

Router3(config)# *ip route* 0.0.0.0 0.0.0.0 192.168.4.1

第七章　Socket 通信

7.1　网络进程通信原理

人们常用的应用软件可以分成单机版和网络版,单机版顾名思义就是在独立计算机上运行的应用软件,其程序设计与结构只要考虑单机环境,这种软件结构简单,易于设计。而网络版相对来说更复杂,除了要考虑到在本地计算机上运行外,还要涉及软件的应用网络,网络间和其他计算机的相互通信等问题。而这种通信,就是网络间的进程通信问题(简称网间进程通信)。

网间进程通信是指运行在不同网络节点(计算机)上的进程间的信息传递。在多任务操作系统中,我们可以同时运行多个不同的网络应用程序,每个应用程序对应一个网络应用进程,网络应用进程工作在网络层次结构中的最上层,如图 7-1 所示。

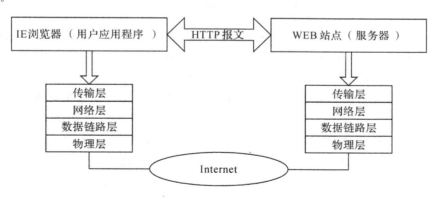

图 7-1　网间进程通讯

网间进程通信借助网络协议簇实现,应用进程把数据交给下层的传输层协议实体,按照网络体系层次依次向下传递,最后由物理层将数据变为信号发送出去,到达目的网络节点后,再依据协议逐层上传,最终将数据送到接收端的应用进程。整个过程复杂,但对于用户而已,可以通过简单的进程通信 API——网络套接字 Socket 来实现。

7.2 套接字

Socket(套接字)可以看成是两个网络应用程序进行通信时,各自通信连接中的端点,这是一个逻辑上的概念。它是网络环境中进程间通信的 API(应用程序编程接口),也是可以被命名和寻址的通信端点,使用中的每一个套接字都有其类型和一个与之相连进程。通信时其中一个网络应用程序将要传输的一段信息写入它所在主机的 Socket 中,该 Socket 通过与网络接口卡(NIC)相连的传输介质将这段信息送到另外一台主机的 Socket 中,使对方能够接收到这段信息。Socket 是由 IP 地址和端口结合的,提供向应用层进程传送数据包的机制。

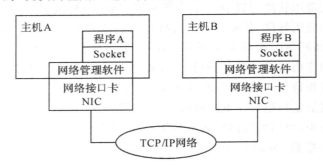

图 7-2　Socket 套接字工作原理

Socket 最初是加利福尼亚大学 Berkeley 分校为 Unix 系统开发的网络通信接口。后来随着 TCP/IP 网络的发展,Socket 成为最为通用的应用程序接口,也是在 Internet 上进行应用开发最为通用的 API。

Windows 系统流行起来之后,由 Microsoft 联合了其他几家公司在 Berkeley Sockets 的基础之上进行了扩充(主要是增加了一些异步函数,并增加了符合 Windows 消息驱动特性的网络事件异步选择机制),共同制定了一套 Windows 下的网络编程接口,即 Windows Sockets 规范。Windows Sockets 规范是一套开放的、支持多种协议的 Windows 下的网络编程接口,包括 1.1 版和 2.0 版两个版本。其中 1.1 版只支持 TCP/IP 协议,而 2.0 版可以支持多协议,2.0 版有良好的向后兼容性。当前 Windows 下的 Internet 软件绝大部分都是基于 Windows Socks 开发的。

Socket(套接字)可以分为以下三种类型:

(1)Stream Socket(字节流套接字):是最常用的套接字类型,字节流套接口提供面向连接的,可靠的数据传输服务。数据无差错、无重复的发送,发送和接受的前后顺序一致。字节流套接字在传输层中使用 TCP 协议。

（2）Datagram Socket（数据报套接字）：它是无连接的服务,它以独立的数据报文进行网络传输,信包最大长度为 32KB,传输不保证顺序性、可靠性和无重复性,它通常用于单个报文传输或可靠性不重要的场合。数据报套接口的一个重要特点是它保留了记录边界。对于这一特点。数据报套接口采用了与现在许多包交换网络（例如以太网）非常类似的模型。数据报套接字在传输层使用 UDP 协议。

（3）Raw Socket（原始数据报套接字）：允许对较低层协议,如 IP 协议,进行直接访问。它一般不是提供给普通用户的,主要用于实现自己定制的协议、开发新协议或者对数据报做较低层次的控制。

7.3　套接字通信

Socket 的英文原意是"插座"的意思,其功能与电话系统非常相似。以电话网为例,电话的通话双方相当于相互通信的 2 个进程,任何用户在通话之前,首先要有一部电话机,并连入电话网的插座,相当于申请一个 Socket;同时要知道对方的号码,相当于对方有一个固定的 Socket。然后向对方拨号呼叫,相当于发出连接请求。对方假如在场并空闲,相当于通信的服务端空闲并可以接受连接请求,当对方拿起电话话筒,双方就可以正式通话,相当于连接成功。双方通话的过程,是一方向电话机发出信号和对方从电话机接收信号的过程,相当于向 Socket 发送数据和从 Socket 接收数据。通话结束后,一方挂起电话机相当于关闭 Socket,撤消连接。

Socket 相当于提供了应用层进程的网络通信 API,通信双方的应用进程只要连接各自的 Socket,就能方便的进行网络数据传输,这样一来复杂的网络结构和传输过程对用户而言全都是"透明"的。如图 7-3 所示,进程 A 与 B 之间的通信,对用户而言,就是分属与 A 和 B 的两个 Socket 之间的数据通信,而下层的数据传递过程,对用户而言是透明的。

进程通信的概念最初来源于单机操作系统。在多进程系统中,由于每个进程都在自己的地址范围内运行,为保证两个相互通信的进程之间既互不干扰又协调一致的工作,操作系统为进程通信提供了相应设施,如 UNIX BSD 中的管道（pipe）、命名管道（named pipe）和软中断信号（signal）,UNIX system V 的消息（message）、共享存储区（shared memory）和信号量（semaphore）等,但都仅限于用在本机进程之间通信。相对来说网间进程通信更复杂,它还要处理不同主机进程间的相互通信问题（可把同机进程通信看作是其中的特例）。为此,首先要解决的是网间进程标识问题。同一主机上,不同进程可用进程号（process ID）唯一标识。但在网络环境下,各主机独立分配的进程号不能唯一标识该进程。例如,主机 A 赋

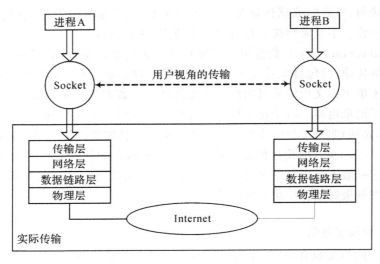

图 7-3　Socket 通信

于某进程号 5，在 B 机中也可以存在 5 号进程，因此，"5 号进程"在网络间进程通信的情况下并无法唯一标识某个进程。

其次，操作系统支持的网络协议众多，不同协议的工作方式不同，地址格式也不同。因此，网间进程通信还要解决多重协议的识别问题。为了解决上述问题，TCP/IP 协议引入了下列几个概念：

（1）端口。网络中可以被命名和寻址的通信端口，是操作系统可分配的一种资源。按照 OSI 七层协议的描述，传输层与网络层在功能上的最大区别是传输层提供进程通信的能力。从这个意义上讲，网络通信的最终地址就不仅仅是主机地址了，还包括可以描述进程的某种标识符。为此，TCP/IP 协议提出了协议端口（protocol port）的概念，用于标识通信的进程。

端口是一种抽象的软件结构（包括一些数据结构和 I/O 缓冲区）。应用程序（即进程）通过系统调用与某端口建立连接（binding）后，传输层传给该端口的数据都被相应进程所接收，相应进程发给传输层的数据都通过该端口输出。在 TCP/IP 协议的实现中，端口操作类似于一般的 I/O 操作，进程获取一个端口，相当于获取本地唯一的 I/O 文件，可以用一般的读写原语访问。

类似于文件描述符，每个端口都拥有一个叫端口号（port number）的整数型标识符，用于区别不同端口。由于 TCP/IP 传输层的两个协议，TCP 和 UDP 是完全独立的两个软件模块，因此各自的端口号也相互独立，如 TCP 有一个 255 号端口，UDP 也可以有一个 255 号端口，二者并不冲突。

端口号的分配是一个重要问题。有两种基本分配方式：第一种叫全局分配，这是一种集中控制方式,由一个公认的中央机构根据用户需要进行统一分配,并将结果公布于众。第二种是本地分配,又称动态连接,即进程需要访问传输层服务时,向本地操作系统提出申请,操作系统返回一个本地唯一的端口号,进程再通过合适的系统调用将自己与该端口号联系起来。TCP/IP 端口号的分配中综合了上述两种方式。TCP/IP 将端口号分为两部分,少量的作为保留端口,以全局方式分配给服务进程。因此,每一个标准服务器都拥有一个全局公认的端口(well-known port),即使在不同机器上,其端口号也相同。剩余的为自由端口,以本地方式进行分配。TCP 和 UDP 均规定,小于 1024 的端口号才能作保留端口。

(2)地址。网络通信中通信的两个进程分别在不同的机器上。在互连网络中,两台机器可能位于不同的网络,这些网络通过网络互连设备(网关、网桥、路由器等)连接。因此需要三级寻址:

某一主机可与多个网络相连,必须指定一特定网络地址;网络上每一台主机应有其唯一的地址;每一主机上的每一进程应有在该主机上的唯一标识符。通常主机地址由网络 ID 和主机 ID 组成,在 TCP/IP 协议中用 32 位整数值表示;TCP 和 UDP 均使用 16 位端口号标识用户进程。

(3)网络字节顺序。不同的计算机存放多字节值的顺序不同,有的机器在起始地址存放低位字节,有的存高位字节。为保证数据的正确性,在网络协议中须指定网络字节顺序。TCP/IP 协议使用 16 位整数和 32 位整数的高价先存格式,它们均含在协议头文件中。

(4)连接。两个进程间的通信链路称为连接。连接在内部表现为一些缓冲区和一组协议机制,在外部表现出比无连接高的可靠性。

(5)半相关。网络中用一个三元组可以在全局唯一标志一个进程:协议、本地地址、本地端口号。这样一个三元组,叫做一个半相关(half-association),它指定连接的每半部分。

(6)全相关。一个完整的网间进程通信需要由两个进程组成,并且只能使用同一种高层协议。也就是说,不可能通信的一端用 TCP 协议,而另一端用 UDP 协议。因此一个完整的网间通信需要一个五元组来标识:协议、本地地址、本地端口号、远地地址、远地端口号。这样一个五元组,叫作一个全相关(association),即两个协议相同的半相关才能组合成一个合适的相关,或完全指定组成一连接。

如表 7-1、图 7-4 所示,假定两个客户端都去访问服务器上的某个 Web 页面和 FTP 服务。客户端 IP 地址分别为 192.168.0.10 和 192.168.0.20,服务器 IP 地址为 192.168.0.1,服务器上 Web 服务和 FTP 服务的默认端口分别为 80 和 21。

表 7-1　全相关表

协议	本地地址	本地端口	远程地址	远地端口
http	192.168.0.10	3040	192.168.0.1	80
http	192.168.0.20	2095	192.168.0.1	80
ftp	192.168.0.10	2095	192.168.0.1	21
ftp	192.168.0.20	3800	192.168.0.1	21

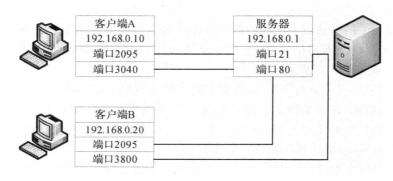

图 7-4　全相关示例

7.4　WIN Socket API 常用函数

Windows Sockets 是 Windows 下得到广泛应用的、开放的、支持多种协议的网络编程接口,当下已成为 Windows 网络编程的事实上的标准。WinSock 提供了许多套接字函数,用户利用这些函数可以很容易地进行编程。

(1)初始化函数 WSAStartup()。

int WSAStartup(WORD wVersionRequested,LPWSADATA lpWSAData)

调用该函数来初始化 socket 编程所需的动态链接 winsock.dll。该函数的第一个参数指明程序请求使用的 Socket 版本。操作系统利用第二个参数返回请求的 Socket 的版本信息。当一个应用程序调用 *WSAStartup* 函数时,操作系统根据请求的 Socket 版本来搜索相应的 Socket 库,然后绑定找到的 Socket 库到该应用程序中。以后应用程序就可以调用所请求的 Socket 库中的其他 Socket 函数了。该函数执行成功后返回 0。

(2)创建函数 Socket()

SOCKET Socket(int af,int type,int protocol);

调用该函数产生一个 socket 套接字,第一个参数指定应用程序使用的通信协议的地址簇(address family)，对于 TCP/IP 协议族，该参数置 PF_INET；第二个参数指定要创建的套接字类型，流套接字类型为 SOCK_STREAM、数据报套接字类型为 SOCK_DGRAM；第三个参数指定应用程序所使用的通信协议。该函数如果调用成功就返回新创建的套接字的描述符，如果失败就返回 INVALID_SOCKET。

（3）绑定函数 bind()

*int bind(SOCKET s，const struct sockaddr * name，int namelen);*

调用该函数将 Socket 绑定到某一指定的网络地址。服务程序必须调用 bind 函数来给其绑定一个 IP 地址和一个特定的端口号。该函数的第一个参数指定待绑定的 Socket 描述符；第二个参数指定一个通信对象的结构体指针 sockaddr；namelen 是 sockaddr 结构体的长度。

（4）服务端侦听函数 listen()。

int listen(SOCKET s，int backlog);

调用该函数用来启动服务器侦听客户端的连接请求。第一个参数指定待绑定的 Socket 描述符，第二个参数是等待连接的队列长度。

（5）服务端接受连请求接函数 accept()。

*SOCKET accept(SOCKET s，struct sockaddr * addr，int * addrlen);*

调用该函数接受某个客户端的连接请求，创建一个新的套接字来与客户套接字创建连接通道，如果连接成功，就返回新创建的套接字的描述符。如果失败返回一个 INVALID_SOCKET 错误。

（6）客户端请求连接函数 connect()。

*int connect(SOCKET s，const struct sockaddr * name，int namelen);*

客户端调用该函数与服务器建立连接。如果连接成功，connect 返回 0；如果失败则返回 SOCKET_ERROR。

（7）数据接收与发送函数 send()/recv()；recvfrom()/sendto()。

面向连接的协议中使用 send()/recv()来实现数据的发送和接受，数据报格式的传输以 recvfrom()/sendto()两个个函数进行收发。

*int send(SOCKET s，const char FAR * buf，int len，int flags);*
*int recv(SOCKET s，char FAR * buf，int len，int flags);*

其中 s 为 socket 描述符，buf 为待接受或发送的数据缓冲区指针，len 是要传送的数据长度，flags 指定调用方式。

*int sendto(SOCKET s，const char FAR * buf，int len，int flags，const struct sockaddr FAR* *to*,*int tolen*）;

int recvfrom（*SOCKET s*,*char FAR* * *buf*,*int len*,*int flags*,*struct socketaddr FAR* * *from*,*int FAR* * *fromlen*）;

其中 s 为 socket 描述符,buf 为待接受或发送的数据缓冲区指针,len 是传输的数据长度,flags 指定调用方式,* to 和 * from 为指向 sockaddr 结构的指针,tolen 和 fromlen 为调用结束时返回的地址长度。

(8)关闭函数 closesocket()。

int Closesocket（*SOCKET s*）;

关闭成功返回 0,不然返回 SOCKET_ERROR。

网络通信中服务器和客户端建立 Socket 连接的流程,以及涉及调用的 API 函数如图 7-5 所示。

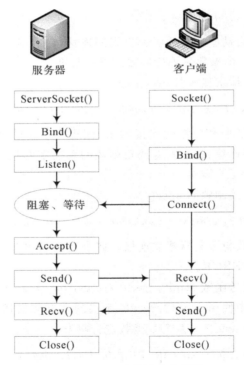

图 7-5　Socket 连接建立流程图

实验一　Socket 通信编程

一、实验要求

本实验为设计性实验,请自行选择实验环境、实验设备和实验步骤。要求选用任何一种编程语言,根据 Socket 套接字工作原理,自行设计并编程实现客户/服务器通信程序:

1. 客户端接收键盘输入的字符串,并向服务器发送。

2. 服务器接收后,将字符串以逆序返回给客户端。

客户端显示服务器返回的逆序字符串。

二、实验内容

1. 实验设备。

(1)交换机 1 台。

(2)PC 机 2 台。

2. 实验环境。

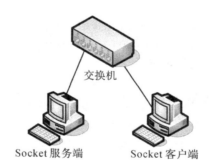

交换机

Socket 服务端　　　　Socket 客户端

图 7-6　实验环境网络图

3. 实验步骤。

参照图 7-5 所示流程图,先在服务器上建立 Socket 服务端,依次编写服务端 API 函数,然后在 Socket 客户端完成相应 API 函数。调试程序,确保 Socket 服务端和客户端能够相互接收和发送数据,再在服务端添加字符串逆序处理程序,达到实验要求效果。

如下为服务端几个初始化函数示例,供参考,请编程完成其余部分(也可选择其他编程语言来完成)。

```
//初始化定义
........................................
// 加载动态链接
int nResult = WSAStartup( wVersion , &wsdata );
if( nResult ！ ＝0 )
{
printf(" WSAStartup failed witherror：%d\n "，nResult);
return；
}


// 创建 socket 对象
sock = socket(AF_INET，SOCK_STREAM，IPPROTO_IP)；
if( sock ＝＝ INVALID_SOCKET )
{
printf(" create socket failed！\r\n ");
return；
}


// socket 绑定
addr . sin_family = AF_INET；
addr . sin_port = htons( 8001 )；
addr . sin_addr . s_addr = inet_addr(" 127.0.0.1 ")；
nResult = bind( sock，(struct sockaddr *)&addr，sizeof(struct sockaddr_in) )；
if( nResult ＝＝ SOCKET_ERROR )
{
printf(" bind failed！\r\n ");
return；
}


// socket 监听
nResult = listen( sock，5 )；
if( nResult ＝＝ SOCKET_ERROR )
{
printf( " listen faild " )；
return；
}
........................................
//等待客户端连接
```

第八章　虚拟专用网络

8.1　VPN 基础

8.1.1 什么是 VPN

　　虚拟专用网络(Virtual Private Network,VPN)指的是利用隧道协议在公用网络上建立专用网络,并将数据封装在隧道中进行传输的技术。简单来说,VPN 不是真正的专用网络,它是建立在网络服务供应商(NSP)和英特网服务供应商(ISP)提供的公共网络平台(如 Internet、ATM、Frame Relay)之上的逻辑网络,因此 VPN 网络两个节点之间的连接并没有类似传统专用网络的点到点物理链路,用户数据在逻辑链路中传输,但 VPN 能够实现专用网络的功能。

　　虚拟专用网是对企业内部网的扩展。虚拟专用网可以帮助远程用户、公司分支机构、商业伙伴及供应商同公司的内部网建立可信的安全连接,用于经济有效地连接到商业伙伴和用户的安全外联网。

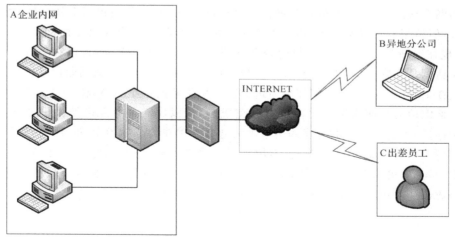

图 8-1　VPN 应用举例

在过去,大型企业为了网络通信的需求,往往必须投资人力、物力及财力,来建立企业专用的广域网络通信管道。VPN方式既经济又安全地解决了这一问题。如图8-1所示:假如公司员工出差到外地C,或者位于B的外地分公司想访问A企业内网的服务器资源,这种访问就属于远程访问,如何能让员工安全的远程访问企业内网资源?

用户可以向电信等部门申请租用帧中继或ATM等数据网络提供固定的虚拟线路来进行连接A点和B点,而对于出差在外C点,这类网络无法保证。而且上述方式成本高,权限掌握在别人手中,如果用户需要新的服务,需要填写新的申请,等待时间长。

VPN的解决方法是在内网中架设一台VPN服务器,VPN服务器同时连接了内网和Internet。外地员工连上互联网后,通过互联网找到VPN服务器,然后利用VPN服务器作为跳板进入企业内网。为了保证数据安全,VPN服务器和客户机之间的通信数据都进行了加密处理,这样一来就相当于数据是在一条专用的数据链路上进行安全传输。企业将专用网络中的广域网络连接与远程拨号连接这两部分,架构在Internet等的公众网络之上,同时又维持原有的功能与安全需求,就如同专门架设了一个专用网络一样。也就是说VPN实质上就是利用加密技术在公用网络上封装出一个数据通信隧道。得益于Internet的普及,利用VPN技术,用户无论在哪里,只要能上互联网就能利用VPN非常方便地访问内网资源。

8.1.2 VPN 应用体系

VPN有很多种不同的应用,根据其特点大致可以分为三种:外联网VPN,内联网VPN,远程接入VPN。

(1)内联网VPN(Intranet VPN):过去,如果有一个公司有两个分支机构在不同的两个地点,他们之间的局域网需要互联的话,一般会采用租用专线(帧中继)的方式,但租用专线成本昂贵,通常大公司才负担的起,中小企业会望而却步。Internet现在逐渐普及,且绝大多数的企业网络也都能与之相连,而直接在Internet上传输数据是不安全的,因为IP协议本身不提供数据的安全性,数据通信是以明文的方式在Internet上传输。但如果通过IP VPN业务使企业的局域网互联,则可以方便而低廉地为企业连接公司内部各分支机构,可以建立企业总部及办事处之间的安全连接,为企业现有的专线网络增加或建立新的带宽。这样一来,只要支付分支机构与ISP服务商之间的费用,不用支付昂贵的专线费用,对于国际性的连接,作用更为明显,可为企业节省大量的资金。此外,还可以提高企业的区域覆盖性,满足企业快速发展时增加分支机构和办事处的业务需求。

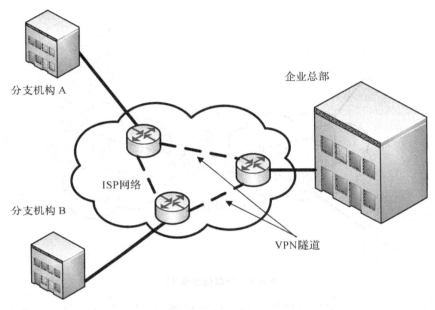

分支机构 A

企业总部

ISP网络

分支机构 B

VPN隧道

图 8-2　内联网结构图

(2)外联网 VPN(Extranet VPN)。外联网 VPN 主要用于企业网与企业的供应商、客户及其他合作伙伴相互连接。换言之,在某个企业内部的网络资源对于来自外部其他公司的访问是开放的。这样的好处是能使公司与其供应商、客户及其他合作伙伴之间能够进行电子商务交流并提升其速度和效率,如和供应商协调进货,使销售伙伴更高效地管理其产品库存,以及其他的合作伙伴访问公司各种业务和数据等。对企业的发展趋势而言,这种访问势在必行且日渐增多。

毫无疑问,出于安全考虑,这种访问必须被严格控制,数据必须被加以保护。因此合作伙伴的这些访问增加了身份验证机制和访问控制来分配不同的权限。

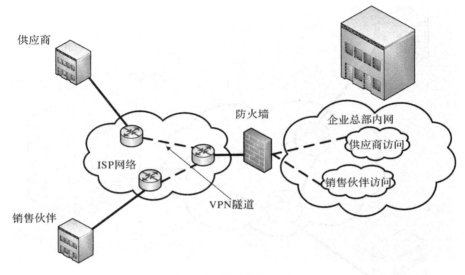

图 8-3　外联网结构图

如图 8-3 所示,加密隧道使用专用的访问规则和过滤器,它们仅允许某些特定的商业应用通信通过安全隧道。VPN 能够同多个商业合作伙伴建立安全隧道。然而,一个商业伙伴不能通过使用构造简陋的外联网获得对其他伙伴信息的访问;VPN 能够保持数据在线上的隔离,但是需要良好的数据库设计以保证在主要公司之间保持数据隔离。

在 VPN 网络的构造方面,外联网 VPN 与内联网 VPN 没有什么区别,相对而言由于外联网涉及其他的商业合作伙伴和客户,因此会有一系列的安全问题,主要涉及下列方面:

①地址规划:由于 IP 地址资源紧张,企业的内网地址通常使用私网 IP 地址,不同企业的内网地址可能出现重叠,而在 IP 网络中,IP 地址是一台主机的唯一标识,不允许重叠。这就需要采用其他技术(如 NAT)转换来解决。

②验证/授权机制:必须根据用户不同的接入方式而给予不同的认证方法。

③加密传输:数据在传输过程中,需要保证其安全,所以需要在互联设备的两端实现加密功能,保证数据传输过程中的安全性。

④信息扩散范围限制:消息在各个用户之间是受到限制的,比如企业与银行的结算信息不应该扩散到其他的客户中。通常可以通过策略发布、广播域隔离等方案实现。

⑤内部防火墙:为了保护企业自身内部网络的安全,避免数据泄露或被窃取,防止来自外部的攻击,需要基本验证、过滤功能。

（3）远程接入 VPN（Access VPN）。随着"移动办公"和远程通信的需求日渐增加，让企业的漫游用户（如出差在外地的员工）能够访问企业的网络资源变得越来越重要。但出于安全考虑，一般公司的内部服务器不会直接连入因特网让员工访问，同时企业内部网络与公用网络的地址空间规划也截然不同，因此大量的企业高级应用软件，如数据库服务器、企业资源规划系统、Notes 服务器将无法直接访问。为了解决这一问题，以往的解决方案是企业设置网络接入服务器（NAS），移动用户采用长途电话拨号的方式拨号到公司远程接入端口实现。但是这种方法缺点很多，如调制解调器速度很慢，长途或漫游用户电话费昂贵，整体建网成本高等。

因此，远程接入 VPN 方案取代了 NAS（也被称为虚拟专用拨号网络）。大多数的企业网络都是基于 IP 协议的，IP 的通用性可以很轻易地从本地、国家和国际的 Internet 服务供应商那里获得，同时，访问 Internet 的费用低廉。且任何 Internet 访问技术都可以满足 VPN 远程接入要求，VPN 软件通过 Internet 创建一条安全隧道来访问企业的网络资源。因此使用该技术，可以大大的降低"移动办公"的成本。

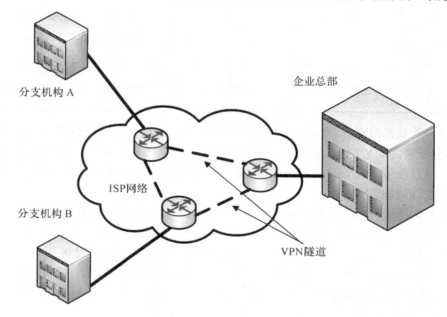

图 8-4　远程接入 VPN

在大多数方案里，远程用户拨号接入 Internet 服务供应商的本地 POP，从 ISP 那里获得 Internet 联通性来建立安全隧道。随着 Internet 的普及，通过接入 VPN 提供的移动用户接入企业网的业务充分利用了这一优势，通过 IP 网络承载用户业务，使业务提供成本大大降低。当然，这里的 Internet 也可以是其他种类的 IP 网络。但同时共享方式也存在安全隐患,用户的数据流在 IP 网络中传递,容易被他人监听和拦截,也容易被黑客攻击,因此需要使用多种验证、授权、加密机制,以最大限度保证数据安全(比如 L2TP 和 IPSec 等协议嵌套使用)。这样做增加了对处理设备的性能要求,带来了额外的费用,但总的来说,远程接入 VPN 业务的成本,仍旧远远低于原来长途拨号接入模式。

8.1.3 VPN 优缺点

对企业来说,VPN 提供了一种相对较安全、可靠且方便的远程访问通道,可帮助远程用户、公司分支机构、商业伙伴及供应商同公司内部建立可信的安全连接。VPN 能大幅度减少企业搭建网络平台的费用,同时保障数据的安全。

使用 VPN 优点很多,主要如下:

表 8-1   与因特网、帧中继/ATM 等技术比较

特点	帧中继/ATM	因特网	VPN
存在普遍性	低	高	中
成本	中	低	中
安全性	高	低	高
性能	高	中低	高
服务质量	好	差	好

(1)简化网络设计:使用 VPN 代替租用线路来实现分支机构的连接,可以降低对远程链路的安装配置,简化用户的整体网络设计。而以因特网作为构建 VPN 的基础,通过拨号访问 ISP 或 NSP 的外部服务,则简化了所需接口以及远程用户的认证、授权等处理。

(2)降低运行成本。利用现有的公用网络(如 Internet 等)来建立 VPN,可以节省大量网络设备和专用线路的建设费用。通过购买公用网的资源,维护责任迁移至 ISP 供应商,不必投入人力和物力去维护公用网络和远程访问设备。

(3)安全通信。虚拟专用网均采用加密及身份验证等安全技术,保证连接用户的可靠性及传输数据的安全和保密性。虚拟专用网使用户可以利用 ISP 的设施、服务及网络资源,可自己管理其他的安全设置、网络变化。

(4)兼容性。许多专用网络对一些新技术新应用准备不足,如高带宽的多媒体和协议交互式应用。VPN 则可以支持各种高级的应用,如 IP 语音、IP 传真、IPV6、MPLS 和 SNMPV3 等。

当然 VPN 也还存在一定的缺点,如 VPN 需要更深入的公共网络安全技术,公司的 WAN 的很大一部分性能和可用性在自己的控制之外,而不同的生产商提供

的 VPN 技术不能很好的互相兼容。

8.2 VPN 隧道协议

构建 VPN 的核心是隧道技术,隧道技术是利用一种协议传输另一种协议的技术,即通过公共网络的基础设施,在专用网络或专用设备之间实现加密数据通信的技术。为创建隧道,隧道的客户机和服务器必须使用同样的隧道协议。

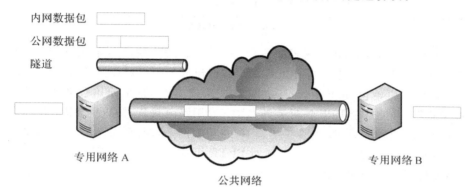

图 8-5 隧道原理

如图 8-5 所示,专用网络 A 和 B 之间需要传递资料,通过公共网络上建立一条隧道(tunnel)来进行通信,AB 之间通信的内容可以是任何通信协议的数据包 X。将公共网络上传输的通信协议数据包格式假定为 Y,隧道协议将 AB 的通信协议数据包 X 重新封装在新的包(数据包 Y)中发送。新的包头提供了路由信息,从而使封装的数据能够通过公共网络传递,传递时所经过的逻辑路径称为隧道。当数据包到达通信终点后,将被拆封还原成原先的数据包 X,并转发到最终目的地。隧道技术包括数据封装、传输和数据拆封在内的全过程。用于构建虚拟专用网的隧道协议可以分别工作在 TCP/IP 协议栈的第二层或第三层。如 PPTP(点对点隧道协议)、L2TP(第二层隧道协议)以及 IPSec(IP 安全协议)等,这些协议都可以用于构建虚拟专用网。其中 PPTP 和 L2TP 工作在数据链路层,IPSec 工作在网络层。L2TP 和 PPTP 对于需要支持非 IP 协议的企业来说是相当重要的,而 IPSec 仅支持 IP 协议,但它的智能包认证技术能保护隧道免受许多电子欺骗的攻击。无论哪种隧道协议,其主要结构都由传输的载体、封装的格式、被封装的数据包三部分构成。

8.2.1 PPTP 协议

PPTP(Point to Point Tunneling Protocol)协议是一种点对点的隧道协议,它工作在第二层(对应 OSI 模型中的数据链路层)。PPTP 将 PPP 帧封装在 IP 数据包中,以便通过网络传输。PPTP 使用 TCP 连接进行隧道管理,使用通用路由封装(GRE)来封装 PPP 帧。

PPTP 控制包结构

数据链路层报头	TP 报头	TCP 报头	PPTP 控制信息	数据链路层报尾

PPTP 传输包结构

数据链路层报头	IP 报头	CRE 报头	PPP 报头	PPP 负载	数据链路层报尾

图 8-6　PPTP 包结构

如图 8-6 所示,PPTP 协议将控制包与数据包分开,控制包采用 TCP 控制,使用 TCP 协议创建连接、维护与终止隧道。数据包部分用点对点协议(Point to Point Protocol)封装原始包(native packet,例如 IPX 或 IP)。整个原始包都将成为 PPP 帧的"数据",再把整个 PPP 帧封装到 GRE(通用路由封装)协议中,用于在标准 IP 包中封装成隧道数据,以便能够在基于 IP 的互联网上进行传输。被封装后的 PPP 帧的有效数据可以被加密和压缩,例如 PPTP 可使用 MS-CHAP v2 或 EAP-TLS 身份验证进程生成的加密密钥,通过 Microsoft 点对点加密(MPPE)对 PPP 帧进行加密。这种双层封装方法形成的数据包靠第二层协议进行传输,另一端的软件收到后,打开包去除增加的 PPTP 控制信息还原成原始数据包并发送给相应协议进行常规处理。除了搭建隧道,PPTP 对 PPP 协议本身并没有做任何修改,只是将用户的 PPP 帧基于 GRE 封装成 IP 报文,在因特网中经隧道传送。

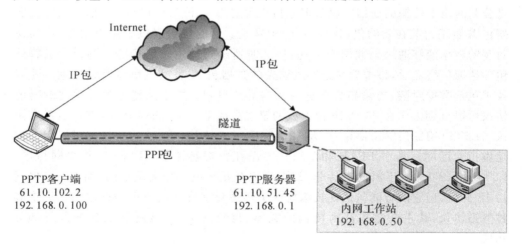

图 8-7　PPTP 示例

如图 8-7 所示,如果 PPTP 客户端要建立 PPTP 连接,首先客户端要连接至 PPTP 服务器建立 PPTP 连接,而该连接,就是我们通常所说的 PPTP 隧道,其本质是基于 IP 协议之上的另一个 PPP 连接。图中的客户端就是使用 PPTP 协议的 VPN 客户机,而服务器即为使用 PPTP 协议的 VPN 服务器。连接从 PPTP 客户端开始,所有的通信都将以 IP 包方式通过 Internet 传送至 PPTP 服务器。从技术上讲,PPP 包从 PPTP 隧道的一端传输到另一端,这种隧道对用户是完全透明的。最后的结果相当于 PPTP 客户端(公网地址 61.10.102.2)通过 PPTP 协议连入至内网,等同与变成一台内网工作站(内网分配地址 192.168.0.100),可与内网工作站之间传输数据(图中虚线部分)。

PPTP 包括被动模式和主动模型两种工作方式:

被动模式下,PPTP 会话通过一个 PPTP 前端处理器来使用某个 ISP 提供的服务,在客户端不需要任何 PPTP 软件,在拨号连接到 ISP 的过程中出现的所有通信方面的问题都由 PPP 协议进行处理。好处是降低了对客户的要求,缺点是限制了用户对因特网其他部分的访问。

主动模式下,客户建立一个 PPTP 会话与网络另一端的 PPTP 服务器直接连接,从而创建一个隧道,在主动模式下不需要一个 ISP 前端处理器,所有连接直接连到 PPTP 服务器上。这种模式下,允许因特网中某台机器在没有 PPP 连接服务的情况下访问 PPTP 服务器。优点是客户拥有对 PPTP 的绝对控制权,缺点是对用户的要求较高,并需要在客户端安装支持 PPTP 的相关软件。

PPTP 数据封装过程:

(1)PPP 帧的封装:原始 PPP 数据(如 IP 数据报、IPX 数据报或 NetBEUI 帧等)经过加密后,添加 PPP 报头,封装形成 PPP 帧。PPP 帧再进一步添加 GRE 报头,经过第二层封装形成 GRE 报文。

(2)GRE 报文的封装:原始 PPP 数据的第三层封装是在 GRE 报文外,再添加 IP 报头,IP 报头包含数据包源端及目的端 IP 地址。

(3)数据链路层封装:数据链路层封装是 IP 数据报多层封装的最后一层,依据不同的外发物理网络再添加相应的数据链路层报头和报尾。例如,IP 数据报将在以太网上传输,则用以太网报头和报尾对 IP 数据报进行数据链路层封装;如果 IP 数据报将在点—点 WAN 上传输,如模拟电话网或 ISDN 等,则用 PPP 报头和报尾对 IP 数据报进行数据链路层封装。

PPTP 客户机或 PPTP 服务器在接收到 PPTP 数据包后,将做如下处理:

(1)处理并去除数据链路层报头和报尾。

(2)处理并去除 IP 报头。

(3)处理并去除 GRE 和 PPP 报头。

(4)如果需要的话,对 PPP 有效载荷即传输数据进行解密或解压缩。

(5)对传输数据进行接收或转发处理。

PPTP 客户机和 PPTP 服务器之间可进行加密通信,使用的认证机制与创建 PPP 连接时相同。认证机制包括:微软询问握手认证协议 MS-CHAP(Microsoft Challenge-Handshake Authentication Protocol)、扩展身份认证协议 EAP(Extensible Authentication Protocol)、Shiva 口令字认证协议 SPAP(Shiva Password Authentication Protocol)和口令字认证协议 PAP(Password Authentication Protocol)。而在 Windows 系统中,由于 PPP 帧使用微软点对点加密技术 MPPE(Microsoft Point-to-Point Encryption)进行加密,因此认证机制必须采用 EAP 或 MS-CHAP。

8.2.2 L2TP 协议

L2TP(Layer 2 Tunneling Protocol 第二层隧道协议),与 PPTP 非常类似,是一种可在支持 PPP 协议的任意网络(如 IP、X25、帧中继或 ATM 等)上建立 VPN 的隧道技术。L2TP 把链路层数据单元(PPP 帧)封装在公共网络设施如 IP、ATM、帧中继中进行隧道传输。

L2TP 传输包结构

数据链路层报头	IP 报头	UDP 报头	L2TP 报头	PPP 报头	PPP 负载	数据链路层报尾

图 8-8 L2TP 传输包结构

L2TP 主要由 LAC 访问集中器(L2TP Access Concentrator)和 LNS 网络服务器(L2TP Network Server)两部分构成。LAC 通常是一个网络接入服务器 NAS(Network Access Server),用于为用户发起呼叫、接收呼叫和建立隧道。LAC 位于 LNS 和远程客户端之间,把从远端系统收到的信息包按照 L2TP 协议进行封装并送往 LNS,将从 LNS 收到的信息包进行解封装并送往远端系统。LNS 是所有隧道的终点,是 PPP 端系统上用于处理 L2TP 协议的服务器端部分。L2TP 隧道是用与 PPTP 隧道同样的方法建立的,使用一条控制信道在隧道建立期间进行协商。然而与 PPTP 不一样的是,L2TP 不使用一条分离的 TCP 连接作为控制信道,而是在 L2TP 报文外建立控制信道协议。PPTP 隧道是使用 GRE 来封装报文头而建立的,但 L2TP 使用 UDP 协议。

L2TP 使用控制信息和数据信息两种信息类型。控制信息用于隧道和呼叫的建立、维持和清除,数据信息用于封装隧道所携带的 PPP 帧。控制信息利用 L2TP 中的一个可靠控制通道来确保发送,而数据信息使用不可靠传递,当发生包丢失时,不转发数据信息。

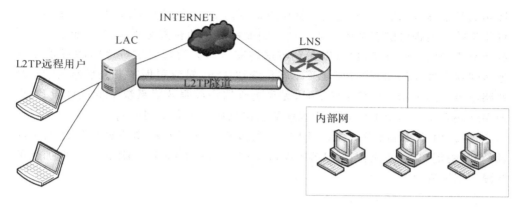

图 8-9　L2TP 拓扑结构

L2TP 工作过程：

(1)先建立一条隧道的控制连接。

(2)建立入流/出流呼叫请求触发一个会话。

L2TP 隧道建立在 LAC 和 LNS 之间,由一个控制连接和多个 L2TP 会话组成,同一对 LAC 和 LNS 之间可以建立多个 L2TP 隧道。控制消息和 PPP 数据报文都在隧道上传输。L2TP 会话也建立在 LAC 与 LNS 之间,但必须在隧道建立成功之后才能建立,会话与呼叫时一一对应的。呼叫状态由 LAC 与 LNS 维护。

L2TP 的优缺点:L2TP 相对于 PPTP 而言可支持多种协议,可用于 IP(使用UDP),帧中继 PPTP 使用 TCP 协议,适合没有防火墙限制的网络。L2TP 使用UDP 协议,一般可以穿透防火墙,适合有防火墙限制、局域网用户,如公司、网吧、学校等场合。PPTP 和 L2TF 均具有简单易行的优点,适合用于普通客户端远程访问虚拟专用网,但是它们的可扩展性都不好。PPTP/L2TP 不适合于向 Ipv6 的转移。

8.2.3 IPSec 协议

利用隧道方式进行通信时,第二层隧道协议只能保证在隧道发生端和终止端进行认证和加密,而隧道在 IP 网络中的传输并不能得到保证,IP 协议本身不集成任何安全特性,很容易便可在传输途中拦截并查看包的内容,并伪造 IP 包的地址、内容等。

IPsec 是由 IETF(Internet Engineer Task Force)完善的网络层安全协议,是建立在 IP 协议之上的协议集,它通过对 IP 数据包进行数据源验证、无连接数据的完整性验证、数据内容的机密性保护、抗重播保护、自动密钥管理等方式来保护 IP 层及其以上协议的通信安全。它可为 Internet 上传输的数据提供高质量的、基于密码学的安全保证。

IPSec 独立于密码算法学,这种模块化的设计保证了选择不同的一套算法不会影响到其他部分的实现,不同用户群可以根据需要选择不同的算法集。且 IPSec 允许用户控制所提供的安全服务的力度。例如可以在两台安全网关之间创建一条承载所有流量的加密隧道,也可以在穿越这些安全网关的每对主机之间的每条 TCP 连接间建立独立的加密隧道。IPSec 在传输层之下,对应用程序来说是透明的。当在路由器或防火墙上安装 IPSec 时,无须更改用户或服务器系统中的软件设置,即使在终端系统中执行 IPSec,应用程序的上层软件也不会受到影响。

IPsec 由 AH(认证头)协议、ESP(封装安全载荷)协议、负责密钥管理的 IKE(因特网密钥交换)协议构成,IPSec 通过上述三个基本协议在 IP 包头后增加新的字段以保证安全。

各协议之间关系如图 8-10 所示:

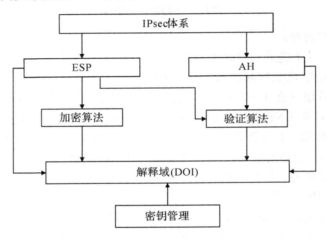

图 8-10   IPSec 协议体系结构

(1)IP 认证头 AH(Authentication Header)。通过计算校验和以及对 IP 包头的字段进行安全散列,为 IP 包提供信息源验证,完整性校验和防重放攻击,保护 IP 包头不被第三方介入和伪造。其中,信息源验证通过在待认证数据中加入一个共享密钥来实现,数据完整性校验通过消息认证码(如 MD5)产生的校验来保证,AH 报头中的序列号可以防止重放攻击。

(2)IP 封装安全载荷 ESP(Encapsulated Security Payload)。通过使用对称加密算法(如 Blowfish、3DES)来提供加密保证,以及为 IP 数据包提供 AH 已有的 3 种服务(可选)。与 AH 相比,数据保密性是 ESP 的新增功能。

(3)解释域(DOI)。将所有的 IPSec 协议捆绑在一起,是 IPSec 安全参数的主要数据库。

(4)密钥管理协议(ISAKMP)。提供双方交流时的共享安全信息,在通信系统之间建立安全联盟，是一个产生和交换密钥材料并协调 IPSec 参数框架。

IPsec 支持传输模式和隧道模式，AH 和 ESP 都支持这两种工作模式：

(1)传输(transport)模式。为上层协议提供安全保护，保护 IP 包的有效载荷(上层的传输协议如 TCP，UDP)，用于对两台主机之间的通信加密。在该模式下原始的 IP 包头未作任何修改，只对包中的数据部分进行加密。传输层数据被用来计算 AH 或 ESP 头，在 IP 包头之后和传输层数据字段之前插入 IPSec 包头(AH 或 ESP 或二者同时)。

(2)隧道(tunnel)模式：为整个 IP 包提供保护，用于在两个子网之间建立虚拟专用网(VPN)。用户的整个 IP 数据包被用来计算 AH 或 ESP 头，AH 或 ESP 头以及 ESP 加密的用户数据被封装在一个新的 IP 数据包中。这样每一个 IP 数据包都有两个 IP 包头，即外部 IP 包头和内部 IP 包头。外部 IP 包头指定将对 IP 数据包进行 IPSec 处理的目的地址，内部 IP 包头指定原始 IP 数据包最终的目的地址。IP 包的源地址和目的地址都被隐藏起来，使 IP 包能安全地在网上传送。

传输模式和隧道模式下的数据封装形式分别如图 8-11 所示，data 为传输层数据。

Mode / Protocol	Transport	Tunnel
AH	IP | AH | Data	IP | AH | IP | Data
ESP	IP | ESP | Data | ESP-T	IP | ESP | IP | Data | ESP-T
AH-ESP	IP | AH | ESP | Data | ESP-T	IP | AH | ESP | IP | Data | ESP-T

图 8-11　传输模式与隧道模式数据封装

IPSec 安全性较高，使用密码技术从以下三个方面来保证数据的安全传输：认证(用于对主机和端点进行身份鉴别)、完整性检查(用于保证数据在通过网络传输时没有被修改)、加密(加密 IP 地址和数据以保证私有性)。

IPSec 可用来在多个防火墙和服务器之间提供安全性，确保运行在 TCP/IP 协议上的 VPN 之间的互操作性。与 PPTP 及 L2TP 不同的是，IPSec 隧道技术属于第三层隧道协议，对应 OSI 模型中的网络层，使用 IP 包作为数据交换单位，将 IP 包封装在附加的 IP 包头中通过 IP 网络传送，因此终端系统不必为了适应 IP 安全而作任何改动，同时，IPSec 适应从 IPV4 向 IP v6 迁移。

实验一　VPN 的实现

一、实验目的

1.通过实验配置掌握基本的 VPN 知识。

2.了解如何配置 VPN,使用 VPN。

二、实验内容

1.实验设备。

(1)交换机 1 台。

(2)PC 机 3 台。

(3)双绞线若干。

2.实验环境。

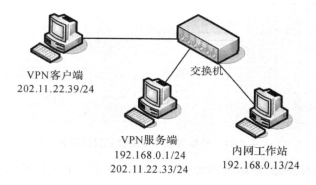

图 8-12　实验网络拓扑结构

3.实验步骤。

(1)VPN 服务器设置。

①VPN 服务器的网络属性设置。

图 8-13　设置服务器 IP 属性

②建立网络连接。

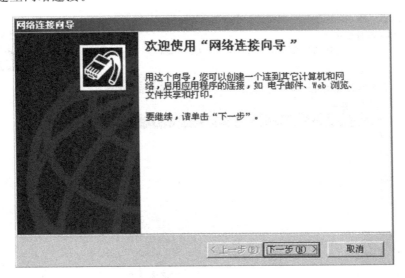

图 8-14　建立网络连接

③选择接受传入的连接。

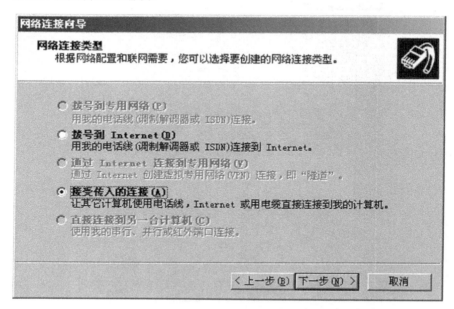

图 8-15　选择接收传入连接

④拨入连接设备列表,直接选择下一步。

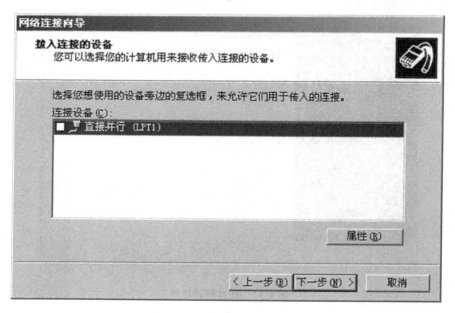

图 8-16　拨入连接设备选择

⑤允许虚拟专用连接,下一步。

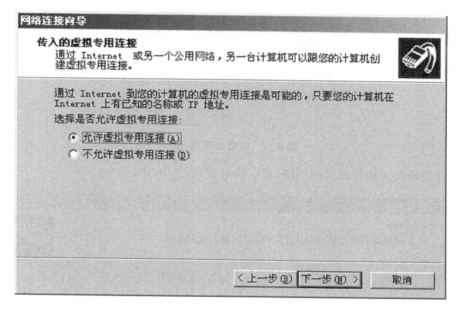

图 8-17 允许虚拟专用连接

⑥选择哪个用户可以通过虚拟专网接入该计算机,在此实验我们创建新用户。

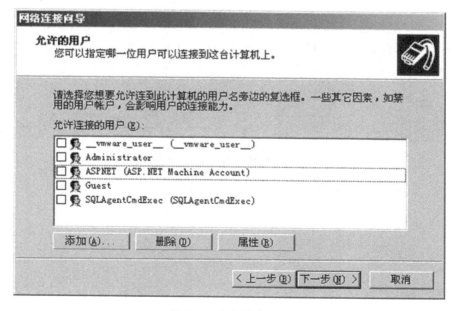

图 8-18 允许用户设定

⑦创建用户 vpnuser，密码为 123。

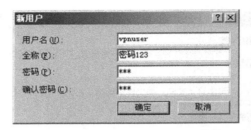

图 8-19　创建新用户、密码

⑧选择拨入连接使用的网络，在本实验使用 TCP/IP，双击。

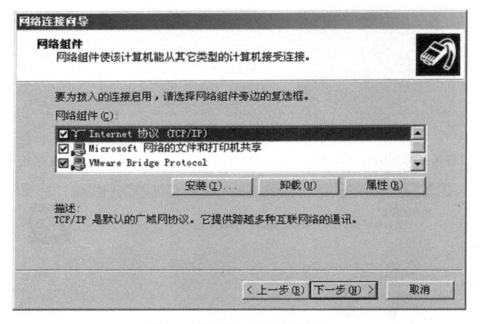

图 8-20　选择拨入连接使用的网络

⑨传入的 TCP/IP 属性设置如下图。

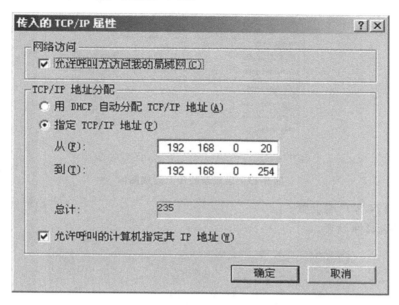

图 8-21　传入的 TCP/IP 属性设置

⑩设置完成,生成新的传入连接图标。

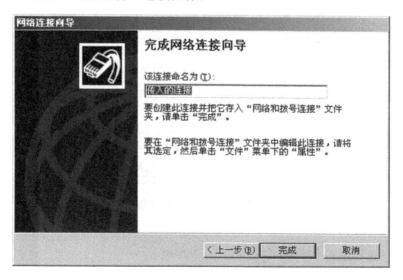

图 8-22　设置完成

图 8-23　生成新的传入连接图标

（2）VPN 客户端设置。

①网络属性设置。

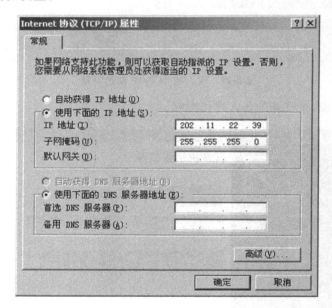

图 8-24　客户端网络属性

②建立 VPN 拨号。

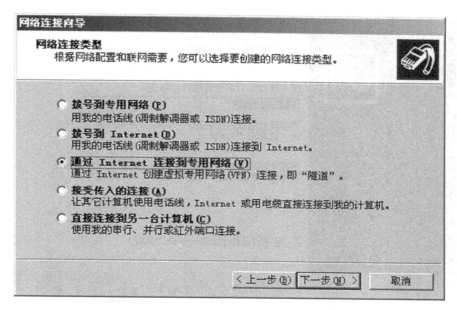

图 8-25　建立 VPN 连接

③设置目标地址。

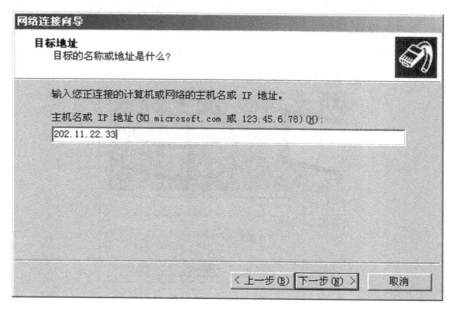

图 8-26　设置目标 IP 地址

④完成虚拟专网连接。

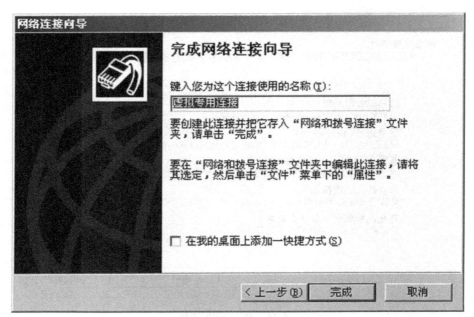

图 8-27　完成虚拟专网建立

⑤内网工作站设置 IP 地址为 192.168.0.13,子网掩码 255.255.255.0,默认网关根据网络情况设置。

(3)VPN 拨号。

图 8-28　建立 VPN 拨号

（4）VPN 连接测试：在 VPN 客户端通过"*ping* 192.168.0.13"的方式测试 VPN 连接。

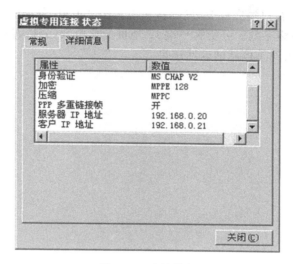

图 8-29　连接状态

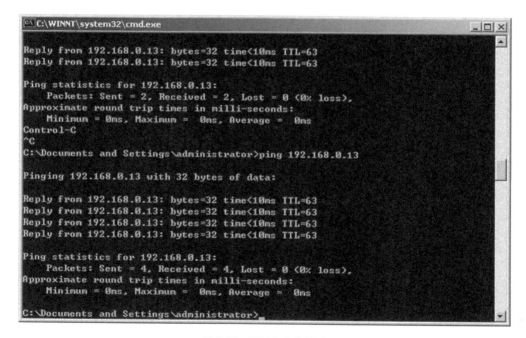

图 8-30　PING 命令测试

三、上机思考题

在 VPN 拨号客户端完成拨号以后,利用 ipconfig/all 命令查看 PC 机的网络参数,观察并记录网络参数。分析客户端 IP 地址变化原因,分析客户端使用 PING 命令访问服务器及内网工作站的返回结果。

第九章　网络协议分析

9.1　ARP 协议

9.1.1 基本概念

地址解析协议(Address Resolution Protocol,ARP)工作在数据链路层,是一种将 IP 地址转化成物理地址的协议。它在本层和硬件接口联系,同时对上层提供服务,即将网络层地址解析为数据链路层的 MAC 地址。

IP 数据包常通过以太网发送,以太网设备并不识别 32 位 IP 地址,它们以 48 位以太网地址传输以太网数据包。因此,必须把 IP 目的地址转换成以太网目的地址。在以太网中,一个主机要和另一个主机进行直接通信,必须要知道目标主机的 MAC 地址,这个目标 MAC 地址是通过地址解析协议获得的。ARP 协议用于将网络中的 IP 地址解析为的硬件地址(MAC 地址),以保证通信的顺利进行。

9.1.2 工作原理

每台主机都会先在自己的 ARP 缓冲区中建立一个 ARP 列表,以表示 IP 地址和 MAC 地址的对应关系。当源主机需要将一个数据包发送到目的主机时,会首先检查自己 ARP 列表中是否存在该 IP 地址对应的 MAC 地址。如果有,就直接将数据包发送到这个 MAC 地址;如果没有,就向本地网段发起一个 ARP 请求的广播包,查询此目的主机对应的 MAC 地址。此 ARP 请求数据包里包括源主机的 IP 地址、硬件地址以及目的主机的 IP 地址。网络中所有的主机收到这个 ARP 请求后,会检查数据包中的目的 IP 是否和自己的 IP 地址一致。如果不相同就忽略此数据包;如果相同,该主机将发送端的 MAC 地址和 IP 地址添加到自己的 ARP 列表中,如果 ARP 表中已经存在该 IP 的信息,则将其覆盖,然后给源主机发送一个 ARP 响应数据包,告诉对方自己是它需要查找的 MAC 地址,源主机收到这个 ARP 响应数据包后,将得到的目的主机的 IP 地址和 MAC 地址添加到自己的 ARP 列表中,并利用此信息开始数据的传输。如果源主机一直没有收到 ARP 响应数据包,表示

ARP 查询失败。

例如：

A 的地址为：IP：192.169.0.1　　MAC：AA-AA-AA-AA-AA-AA

B 的地址为：IP：192.169.0.2　　MAC：BB-BB-BB-BB-BB-BB

A 要和 B 通讯，A 就需要知道 B 的以太网地址，于是 A 发送一个 ARP 请求广播（谁是 192.169.0.2，请告诉 192.169.0.1），当 B 收到该广播，就检查自己，结果发现和自己的一致，然后就向 A 发送一个 ARP 单播应答（192.169.0.2 在 BB-BB-BB-BB-BB-BB）。

在网络分析中，通讯模式的分析是很重要的，不同的协议和不同的应用都会有不同的通讯模式。而在有些时候，相同的协议在不同的企业应用中也会出现不同的通讯模式。ARP 在正常情况下的通讯模式应该是：请求→应答→请求→应答，也就是应该一问一答。

9.2　IP 协议

IP 是 Internet Protocol 属于网络层协议，定义了相互通信的两个节点之间网络层交互方式的标准。这两个节点可以连接在同一个网络中，也可以分别位于物理或者逻辑上不同的网络之中。IP 与传输控制协议 TCP（Transmission Control Protocol）一起代表了 TCP/IP 的核心，也是网络层中最重要的协议。具体参见"第二章网络管理服务"，本章主要对 IP 数据包进行分析。

在 TCP/IP 标准中，数据报的格式通常以 32 位为单位进行描述。图 9-1 是 IP 数据包的格式，各个字段含义如下：

0　　　4	8　　　12	16　　　20	24　　　28　　　31
Version	Header Len	Type of Service	Total Length（Bytes）
Identification		Flags	Fragment Offset
Time to Live （TTL）	Protocol		Header Checksum
Source IP Address			
Destination IP Address			
Options			
Data			

图 9-1　IP 数据包格式

（1）Version（4 bits）：IP Protocol 的版本，当前主要为 IPv4，新一代为 IPv6。

（2）Header Len（4 bits）：首部长度，IP Header 的长度（5～15），默认为 5，即 5×4＝20 Bytes。

（3）Type of Service（8 bits）：服务类型。

前 3 个比特表示优先级，共 8 个级别；

第 4 个比特是 D 比特，表示要求有更低的时延；

第 5 个比特是 T 比特，表示要求有更高的吞吐量；

第 6 个比特是 R 比特，表示要求有更高的可靠性；

第 7 个比特是 C 比特，表示要求选择费用更低的路由；

最后一个比特尚未使用。

（4）Total Length（16 bits）：总长度（576～65535 Bytes），即 IP Header 与 Data 的长度和。

（5）Identification（16 bits）：标识，用来识别数据包 Datagram 使用，分段与依序重组。

（6）Flags（3 bits）：标志。

标志位 0：保留，未使用；

标志位 1：不分段（Don't Fragment，DF）；

标志位 2：段未完（More Fragment，MF）。

（7）Fragment Offset（13 bits）：段偏移，分段后数据包的位移量，以 8bytes 为基本位移单位，最大总数据量为 65536bytes。

（8）Time to Live（TTL）（8 bits）：生存时间，数据包在网络中的存活时间，每经过一个 Router 计数器自动减 1，直至为 0 为止，便将数据包丢弃（Discard）。

（9）Protocol（8 bits）：协议

0：保留；

1：互联网控制报文协议 ICMP（Internet Control Message Protocol）；

2：互联网组管理协议 IGMP（Internet Group Management Protocol）；

5：数据流 ST（Stream）；

6：传输控制协议 TCP（Transmission Control Protocol）；

8：外部网关协议 EGP（Exterior Gateway Protocol）；

9：内部网关协议 IGP（Interior Gateway Protocol）；

17：用户数据包协议 UDP（User Datagram Protocol）；

其他请参考 RFC1700 Assigned Numbers（http：//www. ietf. org/rfc/rfc1700. txt）。

（10）Header Checksum（16 bits）：首部检验和，该字段只检验数据报的首部，而并不包括数据部分。

(11)Source IP Address(32 bits)：源 IP 地址。

(12)Destination IP Address(32 bits)：目的 IP 地址。

(13)Options：选项字段（可选），可变长度。

(14)Data：数据字段，可变长度。

9.3 HTTP/DNS 及 TCP/UDP 协议

9.3.1 HTTP 工作原理

在浏览器的地址栏里输入的网站地址叫做 URL（Uniform Resource Locator，统一资源定位符）。以 http://www.microsoft.com/china/index.htm 为例，URL 的组成包括：

(1)http://。代表超文本传输协议，通知 microsoft.com 服务器显示 Web 页，通常不用输入。

(2)www：代表一个 Web（万维网）服务器。

(3)microsoft.com：装有网页的服务器的域名，或站点服务器的名称。

(4)china：服务器上的子目录，实为服务器上子目录对应的文件夹。

(5)index.htm：网页，文件夹中的一个 HTML 文件。

HTTP 协议定义服务器端和客户端之间文件传输的沟通方式。目前 HTTP 协议的版本是 HTTP 1.1。RFC2616 描述了 HTTP 协议的具体信息，这个协议已经成为浏览器和 Web 站点之间的标准。

上网的时候底层是如何进行交互的？当访问者点击一个超链接的时候，将会给浏览器提交一个 URL 地址。通过这个 URL 地址，浏览器便知道去链接哪个网站并取得相应的页面文件，该文件也可能是一张图片或一个 PDF 文档。

HTTP 工作的基础是使用 TCP 协议连接一个服务器并开始传输文件到浏览器。在 HTTP 传输的过程中，被称为客户端的请求者向服务器请求一个文件，最基本的过程是：

(1)客户端连接一个服务器。

(2)服务器接收连接。

(3)客户端请求一个文件。

(4)服务器发送一个应答。

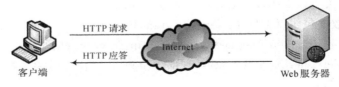

图 9-2 HTTP 服务模式

9.3.2 DNS 工作原理

域名系统(DNS)是一种用于 TCP/IP 应用程序的分布式数据库,它提供主机名字和 IP 地址之间的转换信息。通常,网络用户通过 UDP 协议和 DNS 服务器进行通信,而服务器在特定的 53 端口监听,并返回用户所需的相关信息。

当一个 DNS 客户机需要查询所要使用的名称时,通过查询 DNS 服务来解析名称。客户机发送的每个查询信息包含三个部分:指定的 DNS 域名、指定的查询类型和指定的 DNS 域名分类。具体参见"第二章网络管理服务",本章主要介绍 DNS 报文。

DNS 报文格式及字段含义如图 9-3 所示:

0	15 16	31
Identification	Flags	
Number of Questions	Number of answer RRs	
Number of authority RRs	Number of addition RRs	
Question		
Answer (composed of several RRs)		
Authority (composed of several RRs)		
Additional Information (composed of several RRs)		

图 9-3   DNS 数据报格式

(1)Indentificaiton:标识,用于标识每个 DNS 报文,由客户端设置,由服务器返回,可以由客户匹配请求与相应。

(2)Flags:标志。

16bit 的标志字段如图 9-4 所示:

QR	Opcode	AA	TC	RD	RA	Zero	Rcode

图 9-4   16bit 标志字段

QR(1bit):0 表示查询,1 表示响应。

Opcode(4bits):0 表示标准查询,1 表示反向查询,2 表示服务器状态查询。

AA(1bit):1 表示服务器对问题部分的回答是权威性的。

TC(1bit):截断位,如果 UDP 包超过 512 个字节将被截流,此位为 1。

RD(1bit):1 表示递归查询。

RA(1bit):1 表示递归可用。

Zero(3bits):0,保留字段。

Rcode(4bits):0 表示没有错误,3 表示域参照问题。

(3)Number of Questions:问题数。

(4)Number of answer RRs:回答数。

(5)Number of authority RRs:管理机构数。

(6)Number of additional RRs:附加信息数。

(7)Questions:问题字段。

(8)Answers:回答字段,由若干个回答构成。

(9)Authority:有若干个回答构成。

(10)Additional Information:附加信息字段。

9.3.3 TCP 协议

数据通信的本质活动是要实现进程间信息的传递,IP 协议可以使信息从一台计算机传送到另一台计算机。在此基础上,运输层的作用便是要提供实现进程到进程的通信服务。由于它通常支持端节点的应用进程之间的通信,因此运输层的协议有时候也称为端到端协议。TCP(Transmission Control Protocol,传输控制协议)提供了一种在节点上运行的进程间传输信息的可靠的数据流传送服务。

(1)端口。网络中可以被命名和寻址的通信端口,是操作系统可分配的一种资源。

按照 OSI 七层协议的描述,传输层与网络层在功能上的最大区别是传输层提供进程通信能力。从这个意义上讲,网络通信的最终地址就不仅仅是主机地址了,还包括可以描述进程的某种标识符。为此,TCP/IP 协议提出了协议端口(protocol port,简称端口)的概念,用于标识通信的进程。

端口是一种抽象的软件结构,包括一些数据结构和 I/O 缓冲区。应用程序(即进程)通过系统调用与某端口建立连接(binding)后,传输层传给该端口的数据都被相应进程所接收,相应进程发给传输层的数据都通过该端口输出。在 TCP/IP 协议的实现中,端口操作类似于一般的 I/O 操作,进程获取一个端口,相当于获取本地唯一的 I/O 文件,可以用一般的读写原语访问之。

类似于文件描述符,每个端口都拥有一个叫端口号(port number)的整数型标识符,用于区别不同端口。由于 TCP/IP 传输层的两个协议 TCP 和 UDP 是完全独立的两个软件模块,因此各自的端口号也相互独立,如 TCP 有一个 255 号端口,UDP 也可以有一个 255 号端口,二者并不冲突。

端口号的分配是一个重要问题,有两种基本分配方式:第一种叫全局分配,这是一种集中控制方式,由一个公认的中央机构根据用户需要进行统一分配,并将结果公布于众。第二种是本地分配,又称动态连接,即进程需要访问传输层服务时,向本地操作系统提出申请,操作系统返回一个本地唯一的端口号,进程再通过合适的系统调用将自己与该端口号联系起来。TCP/IP 端口号的分配中综合了上述两种方式,将端口号分为两部分,少量的作为保留端口,以全局方式分配给服务进程。因此,每一个标准服务器都拥有一个全局公认的端口(即熟知端口,well-known port),即使在不同机器上,其端口号也相同。剩余的为自由端口,以本地方式进行分配。TCP 和 UDP 均规定,将小于 1024 的端口号作为保留端口。

(2)报文格式。TCP 数据报如图 9-5 所示。TCP 数据报分为首部和数据两个部分,TCP 首部的前 20 个字节是固定的,各个字段含义如下:

0									1516		31
Source Port Number									Destination Port Number		
Sequence Number											
Acknowledgment Number											
Data Offset	Reserved	U R G	A C K	P S H	R S T	S Y N	F I N		Windows Size		
Checksum									Urgent Pointer		
Option									Padding		
Data											

图 9-5 TCP 数据报格式

• Source Port Number:源端口,表示发送端的应用进程。

• Destination Port Number:目的端口,表示接收端的应用进程。

• Sequence Number:序号,TCP 传输的数据每一个字节都有一个对应序号,表示本报文段所发送数据的第一个字节的序号。

• Acknowledgment Number:确认序号,表示期望收到的对方下一个报文段的序号。

• Dada Offset:数据偏移,表示 TCP 报文段的首部长度,占 4 比特,它的单位是 Byte,能表示最大的数为 15,所以 TCP 首部的最大长度为 60Byte。

• Reserved:保留。

- URG：紧急位，1 表示紧急指针字段有效，通知系统此报文段中含有紧急数据，无需排队尽快传送。

- ACK：确认位，1 表示确认号字段有效，否则无效。

- PSH：推送位，一端的应用进程希望得到对方的立即响应则该位置为 1，并创建一个报文段发送出去，接收方收到 PSH 为 1 的报文时就尽快上交应用进程，而无需等到缓存满了以后再向上交付。

- RST：复位位，1 表示 TCP 连接出现严重差错，必须释放连接，重新建立连接；也可用于拒绝一个非法的报文段或者拒绝打开一个连接。

- SYN：同步位，用于建立连接时同步序号。当 SYN＝1 且 ACK＝0 时，表示同步连接请求；当 SYN＝1 且 ACK＝1 时，表示同意建立连接。

- FIN：终止位，用于释放连接，1 表示发送此报文段的发送端数据已经发送完毕，请求释放连接。

- Window Size：窗口，用于控制对方发送的数据量，单位为 Byte，表示告诉对方在未接收到已方的确认前所能发送的字节数量。

- Checksum：检验和，检验和字段检验的范围包括首部和数据两个部分。计算法方法与 UDP 的检验和计算方法一样，加上一个 12 字节的首部后进行计算，只是伪首部中协议字段变成 TCP 的协议号，UDP 长度字段为 TCP 长度。

- Urgent Pointer：紧急指针，与 URG 比特位配合使用。

- Option：选项，可编程度。目前 TCP 只规定了一种选项，即最大报文长度 MSS(Maximum Segment Size)，表示告知对方，已方所能接受的报文段的数据字段最大长度。

（3）连接管理。TCP 使用连接作为最基本的抽象。一个连接由两个端点来标识，端点即套接字(Socket)，包括 IP 地址和端口号，一对 Socket 标识一个连接。

①连接建立。TCP 连接建立过程采用"三次握手"的方式，保证新的连接不与其他连接或超时连接出现混淆性错误。如图 9-6 所示，主机 A 向主机 B 发出连接请求报文，分为以下三个过程：

- 主机 A(client)发送一个 SYN 段指明主机 A 打算连接的主机 B(server)的端口，以及初始序号 seq，无 ACK 标记。

- 主机 B 发回包含主机 B 的初始序号的 SYN 报文段作为应答。同时将确认序号设置为主机 A 的 seq 加 1 以对主机 A 的 SYN 报文段进行确认。

- 主机 A 必须将确认序号设置为主机 B 的 seq 加 1 以对主机 B 的 SYN 报文段进行确认。

图 9-6　TCP 连接建立

完成上述交互过程后,主机 A 的用户进程与主机 B 的服务进程分别向应用层报告连接建立成功,进入数据报接收与发送的全双工交互过程。

②连接释放。TCP 连接释放相对于连接建立采用的是"双向四次握手"的方式。如图 9-7 所示,主机 A 向主机 B 发出连接释放报文,分为以下四个过程:

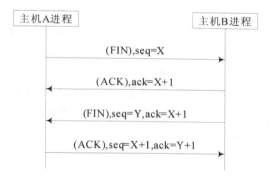

图 9-7　TCP 连接释放

- 主机 A(client)发送一个 FIN,用来关闭从主机 A 到主机 B 的连接。
- 主机 B(server)收到这个 FIN,发回一个 ack,确认序号为收到的序号加 1。
- 同时主机 B 向应用程序传送一个文件结束符,接着主机 B 就关闭它的连接,导致它的 TCP 端发送一个 FIN。
- 主机 A 必须发回一个确认,并将确认序号设置为收到序号加 1。

9.3.4 UDP 协议

用户数据报协议(User Datagram Protocol,UDP)提供面向事务的简单不可靠信息传送服务。它是一种无连接的、不可靠的传输层协议。

UDP 数据报格式如下图所示。UDP 头部只有 8 个字节,各字段含义如下:

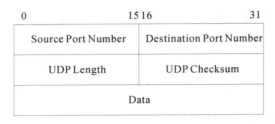

图 9-8　UDP 数据报格式

- Source Port Number：源端口号，非必需字段，不使用时为 0。
- Destination Port Number：目的端口号，表示数据报将送达的目的端口。
- UDP Length：UDP 数据报长度，以八进位表示数据报的长度，包括报头和数据两部分。
- UDP Checksum：检验和，计算方式和计算 IP 数据报首部检验和的方式相似。将 UDP 的伪首部、UDP 头部以及 UDP 数据部分所有的数据合称 16 位的字串串接而成。若 UDP 数据报不是偶数个字节，则填入一个全零的字节，然后按二进制编码计算 16 位字的和，将此和求反即检验和。
- Data：数据，UDP 数据报的数据，填入用户数。

UDP 不考虑流量控制和差错控制，在收到一个坏的数据段之后也不重传。所有这些工作都留给用户进程，UDP 只提供一个接口，并在接口中增加复用特性，利用端口将数据段分解复用到多个进程中。

9.4　Wireshark 的使用

Wireshark 曾经被称之为 Ethereal，是一款非常优秀的 Unix 和 Windows 上的开源网络协议分析器。它可以实时检测网络通信数据，也可以检测其抓取的网络通信数据快照文件。Wireshark 提供了图形界面浏览这些数据，以便网络管理员查看网络通信数据包中每一层的详细内容。

下面是一些可以使用 Wireshark 的应用场合：

（1）网络管理员使用 Wireshark 来诊断网络故障。

（2）网络安全工程师使用 Wireshark 来检查网络安全问题。

（3）开发人员使用 Wireshark 来调试开发的网络协议。

（4）研究人员使用 Wireshark 来分析和了解网络协议的工作机制。

Wireshark 拥有许多强大的特性，包括：

（1）在 Unix 和 Windows 平台下均可使用。

（2）可以从网络接口实时捕获数据包。

（3）可以非常详细地显示被捕获数据包的协议信息。

（4）可以打开/保存所捕获的数据包文件。

（5）可以将捕获的数据包导出供其他程序使用。

（6）根据定义的规则来过滤数据包。

（7）根据条件查找特定的数据包。

（8）根据过滤条件以彩色显示数据包。

（9）对捕获的数据包进行统计分析。

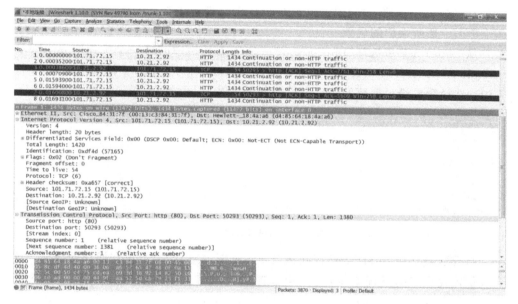

图 9-9　Wireshark 的工作界面

Wireshark 主窗口由以下部分组成：

（1）菜单：用于开始操作。

（2）主工具栏：提供快速访问菜单中常用项目的功能。

（3）Filter Toolbar/过滤工具栏：提供对当前显示的数据进行过滤的方法。

（4）Packet List 面板：显示捕获的数据包的摘要。点击面板中的单独条目，数据包的其他信息将会显示在另外两个面板中。

（5）Packet Detail 面板：显示在 Packet List 面板中选择的包的更多详情。

（6）Packet Bytes 面板：显示在 Packet List 面板选择的包的数据，以及在 Packet Details 面板高亮显示的字段。

（7）状态栏：显示当前程序状态以及捕获数据的更多详情。

Wireshark 的数据包捕获引擎具备以下特点：

（1）支持多种类型的网络接口，例如以太网，令牌环网，ATM……

（2）支持多种机制触发停止数据捕获，例如捕获文件的大小，捕获持续时间，捕获到包的数量……

（3）捕获时同时显示数据包解码详情。

（4）设置过滤，减少捕获到包的容量。

（5）长时间捕获时，可以设置生成多个文件。对于特别长时间的捕获，可以设置捕获文件大小阈值，设置仅保留最后的 N 个文件等手段。

9.4.1 监听端口的设置

从 Capture 菜单选择"Interface…"或使用工具栏中的第一个按钮"List the available capture interfaces"，打开捕获接口对话框，浏览可用的本地网络接口（见图9-10），选择需要进行捕获的接口启动捕获。

图 9-10　捕获接口对话框

打开"Capture Interfaces"捕获接口对话框时，将同时显示正在捕获的数据。这会大量消耗用户的系统资源，需尽快选择接口以结束该对话框，避免影响系统性能。另外，该对话框只显示本地已知的网络接口，Wireshark 有可能无法检测出所有的本地接口，也不能检测远程可用的网络接口。Wireshark 只能使用列出的网络接口。

"Capture Interfaces"捕获接口对话框包括以下内容：

（1）Description：从操作系统获取的接口信息。

（2）IP：Wireshark 能解析的第一个 IP 地址，如果接口未获得 IP 地址（如不存在可用的 DHCP 服务器），将会显示"Unknown"；如果有超过一个 IP 地址的，则只显示第一个（无法确定哪一个会显示）。

（3）Packets：打开该窗口后，从此接口捕获到的数据包的数目。如果一直没有接收到包，则会显示 0。

（4）Packets/s：最近 1 秒捕获到的数据包数目。如果最近 1 秒没有捕获到包，则会显示 0。

（5）Stop：停止当前运行的捕获。

（6）Capture：从选择的接口立即开始捕获，使用最后一次捕获的设置。

（7）Options：打开该接口的捕获选项对话框。

（8）Details：打开对话框，显示接口的详细信息。

（9）Close：关闭对话框。

9.4.2 数据包的过滤

从 Capture 菜单选择"Start…"或使用工具栏中的第二个按钮"Show the capture options"，启动捕获选项对话框开始捕获（见图 9-11）。

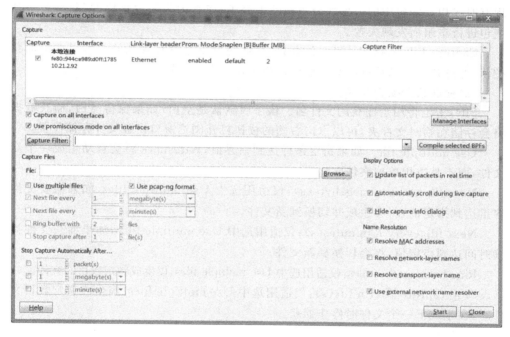

图 9-11　捕获选项对话框

（1）捕获帧。

Interface：该字段指定用于进行捕获的接口，一次只能使用一个接口。这是一个下拉列表，所以只需要点击右侧的按钮，选择想要使用的接口。

IP address：表示选择接口的 IP 地址。如果系统未指定 IP 地址，将会显示为"unknown"。

Link-layer header type：除非有某些特殊应用，否则尽量保持默认的选项。

Buffer size：指定用于捕获的缓冲区大小，即将捕获到的数据写入磁盘前保留在核心缓存中的数据大小。如果发现捕获过程中存在丢包现象，则应尝试增大该值。

Capture packets in promiscuous mode：指定 Wireshark 捕获包时，设置接口为

混杂模式。如果未指定该选项,Wireshark 将只能捕获进出电脑的数据包(不能捕获整个局域网段的包)。

Limit each packet to n bytes:指定捕获过程中,每个包的最大字节数。如果禁止该选项,默认值为 65535,这适用于大多数协议。如果不确定,尽量保持默认值。如果不需要包中的所有数据,例如:如果仅需要链路层、IP 和 TCP 包头,这样只需要较少的 CPU 占用时间用于复制包,包需要的缓存也较少,因此在繁忙网络中捕获时丢失的包也可能会相应少一点。如果没有捕获包中的所有数据,则可能会发现有时候想要的包中的数据部分被截断丢弃了;或者因为缺少重要的部分,想对某些包进行重组而发现失败。

Capture Filter:指定捕获过滤规则,默认情况下是没有规则的。可以点击捕获按钮,通过弹出的捕获过滤对话框创建或选择一个过滤规则。

(2)捕获数据帧为文件。

File:指定将用于捕获的文件名。该字段默认是空白,如果保持空白,捕获数据将会存储在临时文件夹,可以点击右侧的按钮打开浏览窗口设置文件存储位置。

Use multiple files:如果指定条件达到临界值,Wireshark 将会自动生成一个新文件,而不是适用单独文件。

Next file every n megabyte(s):仅适用选中 Use multiple files,如果捕获文件容量达到指定值,将会生成并切换到新文件。

Next file every n minutes(s):仅适用选中 Use multiple files,如果捕获文件持续时间达到指定值,将会切换到新文件。

Ring buffer with n files:仅适用选中 Use multiple files,仅生成制定数目的文件。

Stop capture after n file(s):仅适用选中 Use multiple files,当生成指定数目文件时,在生成下一个文件时停止捕获。

(3)停止捕获帧。

…after n packet(s):在捕获到指定数目数据的包后停止捕获。

…after n megabytes(s):在捕获到指定容量的数据后停止捕获。如果没有选择"Use multiple files",该选项将不可用。

…after n minute(s):在达到指定时间后停止捕获。

(4)显示帧选项。

Update list of packets in real time:在数据包列表面板实时更新捕获数据。如果未选定该选项,在 Wireshark 捕获结束之前将不能显示数据;如果选中该选项,Wireshark 将生成两个独立的进程,通过捕获进程传输数据给显示进程。

Automatic scrolling in live capture:指定 Wireshark 在捕获到数据时实时滚动数据包列表面板,这样就能一直看到最新捕获的数据包。反之,则最新的数据包会被放置在行末,而不会自动滚动面板。如果未设置"Update list of packets in real time",则该选项将是灰色不可选的。

Hide capture info dialog:选中该选项,将会隐藏捕获信息对话框。

(5)名称解析设置。

Enable MAC name resolution:设置是否让 Wireshark 将 MAC 地址解析为名称。

Enable network name resolution:设置是否允许 Wireshark 对网络地址进行解析。

Enable transport name resolution:设置是否允许 Wireshark 将传输层地址解析成网络协议。

(6)按钮。

进行完上述设置以后,可以点击"Start"按钮进行捕获,也可以点击"Cancel"退出捕获。

如果前次捕获时的设置和现在的要求一样,则可以点击工具栏中的第三个按钮或者是菜单项立即开始本次捕获。

如果已经知道网络接口的名称,可以使用如下命令从命令行开始捕获(假设网络接口名称是 eth0):*wireshark-i eth0-k*

9.4.3 数据包的分析

停止捕获数据包后,Wireshark 主界面将会出现按逻辑时序排列的数据包信息,如图 9-10 所示。

图中第一部分为按逻辑时序排列的数据包,从最上面一行从左到右含义如表 9-1 所示:

表 9-1　数据包逻辑时序表含义

列名	含义
NO	序号同下面的 Frame 的序号
Time	截获数据包开始的时间,单位秒
Source	源主机(源主机的地址:网卡地址、IP 地址)
Destination	目的主机(目标主机的地址:网卡地址、IP 地址)
Length	数据包长度,单位字节
Protocol	协议类型(如 ARP、ICMP、TCP、HTTP 等)
Info	基本信息显示(包括报文的用途,简单的内容等)

点击图中任意一个数据包,第二部分将显示该数据包的各部分详细信息,第三部分也将随之显示数据包真实数据信息。

实验一　ARP 协议分析

一、实验目的

1. 在 Windows 环境下使用 Wireshark 工具对 ARP 协议进行分析。

2. 掌握 Wireshark 的使用。

3. 掌握 ARP 协议的工作原理。

二、实验内容

1. 实验设备。

PC 机,带有 Ethernet 接口、装有 WinPcap、Wireshark 软件。

2. 实验环境。

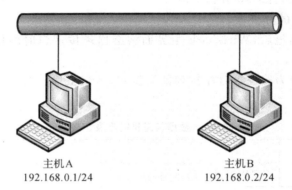

主机A
192.168.0.1/24

主机B
192.168.0.2/24

图 9-12　网络拓扑结构图

3. 实验步骤。

(1)参考"实验环境"中的参数配置工作站网络参数。

(2)在各主机上运行 cmd 窗口命令(打开命令提示符),使用 ipconfig /all 命令查看接口名称,图 9-13 中"Description"行信息即为接口名称:

图 9-13　PC 机网络属性信息

（3）在各主机上运行 *cmd* 窗口命令（打开命令提示符），使用 *arp-a* 查看主机的
ARP 表，使用 *arp-d* 命令清除主机的 ARP 表。

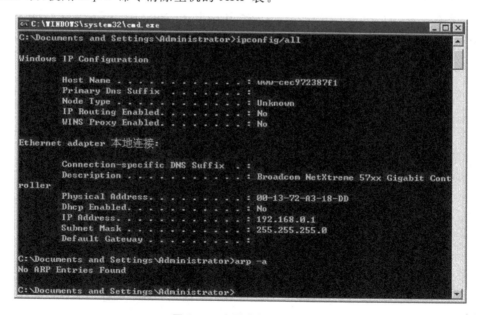

图 9-14　查看本机 ARP 表

图 9-15　删除本机 ARP 表

（4）运行 Wireshark。

①在主窗口选择菜单：Capture＞Options.。

②在子窗口 Capture＞Interface：选择 Broadcom NetXtreme57xx Gigabit Controller 接口。

③点击"Capture Filter"设置为"Ethernet type Ox0806（ARP）"。

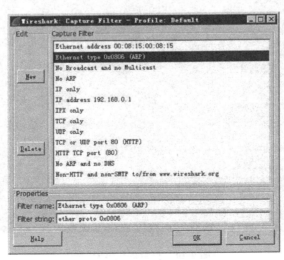

图 9-16　Capture Filter 对话框

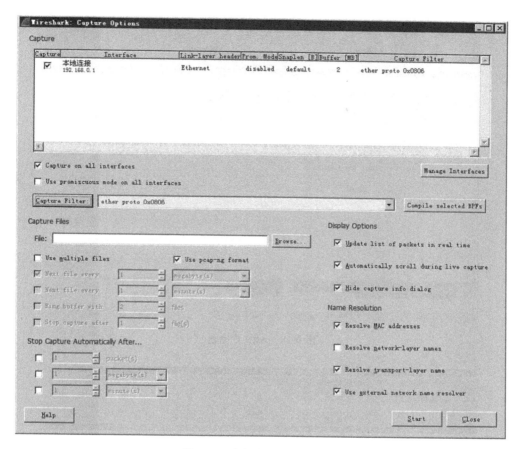

图 9-17　数据包抓取参数设置

④在 Capture Options 子窗口点击按钮"Start"。

(5)在主机 A 上,使用 *ping* 192.169.0.2 命令测试连通性。

(6)在主窗口点击按钮"Stop"停止捕获,查看 Wireshark 数据包捕获记录,分析数据包的内容和逻辑时序关系。

图 9-18 给出了主机 A 用 ping 命令测试到主机 B 的连通性时,Wireshark 捕获到的数据。在进行更多的测试后,可以捕获到更多的数据包。

图 9-18　ARP 广播包

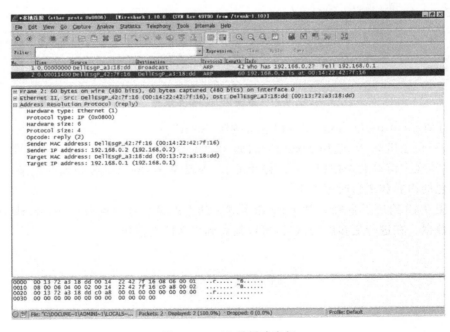

图 9-19　ARP 单播响应包

从图 9-18 和 8-19 中可以看出,主机 A(MAC 地址是 00：13：72：a3：18：dd)首先向目标地址 ff-ff-ff-ff-ff-ff 发送一个广播包(No.1),询问目标 IP 地址是192.169.0.2 的主机的 MAC 地址。主机 192.169.0.2 在收到该广播包后,回送一个数据包(No.2),告知该主机的 MAC 地址是 00：14：22：42：7f：16。在主机A 收到目标主机的响应后,ping 命令发送的 ICMP 包才开始真正传输。

三、上机思考题

(1)ARP 广播包中"Target Mac Address"为什么是"00：00：00：00：00：00",与"Ethernet II"中"Dst"地址含义有何区别?

(2)在交换式局域网中,主机 A 在多数情况下捕获到的都是其他主机在网络里发送的 ARP 请求,而看不到目标主机回送的响应,请思考一下原因。

实验二　IP 协议分析

一、实验目的

1.理解 IP 层的作用以及 IP 地址的分类方法。

2.理解子网的划分和子网掩码的作用。

3.掌握 IP 数据包的组成和网络层的基本功能。

二、实验内容

1.实验设备。

PC 机,带有 Ethernet 接口、装有 WinPcap、Wireshark 软件。

2.实验环境。

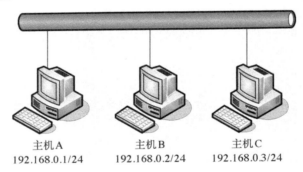

| 主机A | 主机B | 主机C |
| 192.168.0.1/24 | 192.168.0.2/24 | 192.168.0.3/24 |

图 9-20　网络拓扑结构图

3.实验步骤。

(1)参考"实验环境"中的参数配置工作站网络参数。

(2)在各主机上运行 cmd 窗口命令(打开命令提示符),使用 ipconfig /all 命令查看接口名称。

(3)在主机 A 上运行 Wireshark。

①在主窗口选择菜单:Capture>Options。

②在子窗口 Capture>Interface:选择 Broadcom NetXtreme57xx Gigabit Controller 接口。

③点击"Capture Filter"设置为"IP only",参考 9.4 节相关内容设置其余过滤

分析参数。

　　④在 Capture Options 子窗口点击按钮"Start"。

　　(4)使用 ping 命令测试主机 A、B、C 之间的连通性。

　　(5)停止捕获,查看 Wireshark 数据包捕获记录,分析数据包的内容和逻辑时序关系。

　　图 9-21 给出了主机 A 用 ping 命令测试到主机 B 和 C 的连通性时,Wireshark 捕获到的 IP 数据报信息,可结合实验原理中 IP 数据包的格式分析各个字段。

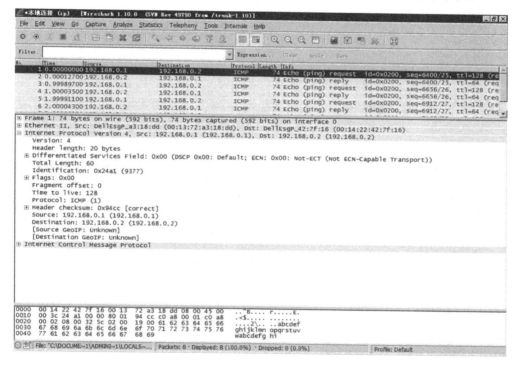

图 9-21　IP 请求数据包

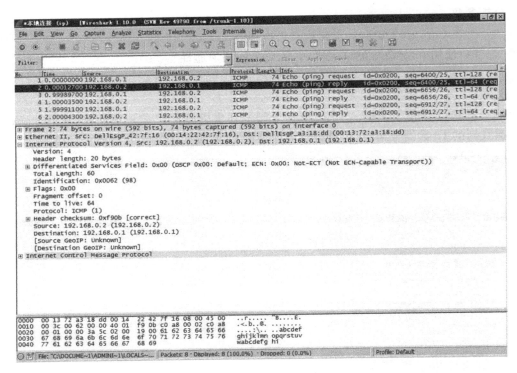

图 9-22 IP 响应数据包

实验三　TCP/UDP 及 HTTP/DNS 协议分析

一、实验目的

1. 掌握 DNS 及 UDP 的工作原理。

2. 掌握 HTTP 及 TCP 的工作原理。

3. 在 Windows 环境下使用 Wireshark 工具对 DNS 及 HTTP 进行分析。

二、实验内容

1. 实验设备。

PC 机,带有 Ethernet 接口、装有 WinPcap、Wireshark 软件,接入互联网。

2. 实验环境。

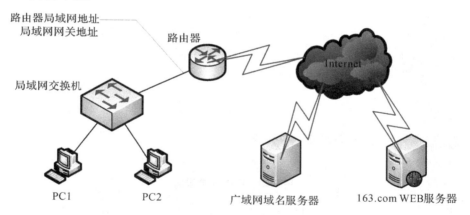

图 9-23　网络拓扑结构图

(1)PC1 源主机 IP 地址 10.21.2.99/24,MAC 地址 00：13：72：a3：18：dd。

(2)网关 10.21.2.1,MAC 地址 00：13：c3：84：31：7f。

(3)DNS 服务器地址:10.1.1.1。

3. 实验步骤。

(1)配置试验主机的网络参数,实验环境中的源主机 IP 地址、MAC 地址、网关 IP 地址、网关 MAC 地址、DNS 服务器会由于实验环境的要求变化。

(2)运行 Wireshark。

①在 Wireshark 主窗口选择菜单：Capture ＞Options…

②在子窗口 Capture ＞Interface：选择网络接口（含有所配置的试验主机的相同的 IP 地址）。

③在 Capture Options 子窗口点击按钮"Start"。

（3）在源主机 PC1 使用 IE 输入：http：//www.163.com。

（4）停止捕获，查看 Wireshark 数据包捕获记录。

本实验涉及传输层的 TCP/UDP，还有应用层的 HTTP 和 DNS。

UDP 和 DNS 分析：

图 9-24　DNS 请求报文

图 9-24 是源主机发送给 DNS 服务器的 DNS 请求报文内容展开图。从传输层来看，源端口（52519）目标端口（53），长度为 37 字节，图的最后一行提示：Domain Names Service(dns)，29bytes，可推算出 UDP 的头部有 8 个字节：源端口、目标端口各 2 个字节；长度、校验和各 2 个字节。

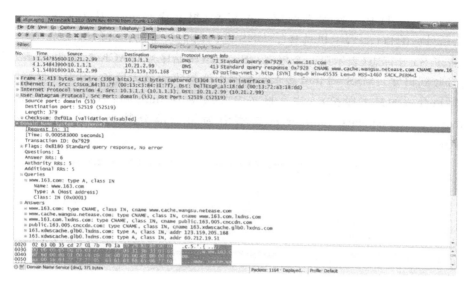

图 9-25　DNS 响应报文

图 9-25 是 DNS 服务器发送给源主机的 DNS 响应报文内容展开图。从传输层来看，DNS 服务器端口（53）目标端口（52519），长度为 379 字节。图的最后一行提示：Domain Names Service（dns），371bytes，同样可推算出 UDP 的头部有 8 个字节。

TCP 三次握手和 HTTP 传输分析：

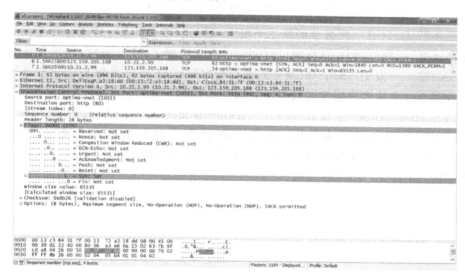

图 9-26　TCP 三次握手—第一次握手

图 9-26 是 TCP 三次握手的第一个报文（报文序号 5）。从上面看，源端口
(1051)，目标端口(80)，主机选择了 DNS 返回的记录中的：123.159.205.168。报
文设置了 SYN 标志（表示第一个报文）：Seq=0（初始序号）；ACK 标志为 0（表示还
没有接收到报文）；MSS=1460（表示局域网中能接收的最大段长，用于同目标主机
协商最后合适的最大段长）。注意报文中"Sequence number：0（relative sequence
number）"。该 Sequence number 的真实值为第三部分数据区中高亮显示的
"d13fcc8e"。

图 9-27　TCP 三次握手—第二次握手

图 9-27 是 TCP 三次握手的第二个报文（报文序号 6）。从上面看应该是前一个
报文的回复：源端口(80)，目标端口(1051)。报文设置了 SYN 标志（表示从服务器
端过来的第一个报文）：Seq=0（服务器端初始序号）；ACK 标志为 1（表示服务器端
已经收到上一个从客户端发送的报文）；MSS=1380。注意报文中"Sequence num-
ber：0（relative sequence number）"；"Acknowledgement number：1（relative ack
number）"。该 Sequence number 的真实值为第三部分数据区中高亮显示的
"9fcfa473"；"Acknowledgement number"的真实值为"d13fcc8f"，该值可与第一个
报文中的 Sequence number 比较。

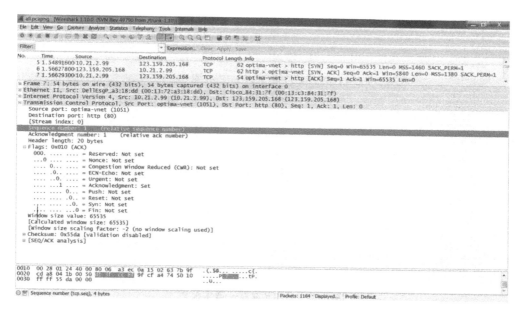

图 9-28　TCP 三次握手—第三次握手

图 9-28TCP 三次握手的第三个报文（报文序号 7）。报文设置了 Seq＝1（客户端初始序号＋1）；ACK 标志为 1（表示客户端已经收到服务器发送的报文）。注意报文中"Sequence number：1（relative sequence number）"和"Acknowledgement number：1（relative ack number）"。该 Sequence number 的真实值为第三部分数据区中高亮显示的"d13fcc8f"；"Acknowledgement number"的真实值为"9fcfa474"。

注意三次确认结束后就是可以确认一条虚电路。

下面就是 HTTP 的交互过程。

图 9-29 HTTP 交互—请求报文

图 9-29 为客户端 HTTP 命令字发送展开图（报文序号 8）。有关 HTTP 命令字参考 RFC2616。注意，现在的 Seq 还是 1，但是 Seq 很快就会在下一个发出的报文改变，在该报文中还向 WEB 服务器提供了客户端的情况（详情可参考RFC2616）。

图 9-30 为服务器端 HTTP 响应展开图（报文序号 503）。从图上明显的看出：

（1）指出了下一个从服务器送到客户端的 seq＝148575（在序号 502 的报文中指出"Next Sequence number：148383"，此处未截图）。

（2）Acknowledgement number：1254（服务器希望下一个从客户端接收到的报文 seq 号）。

图 9-30　HTTP 交互—响应报文-1

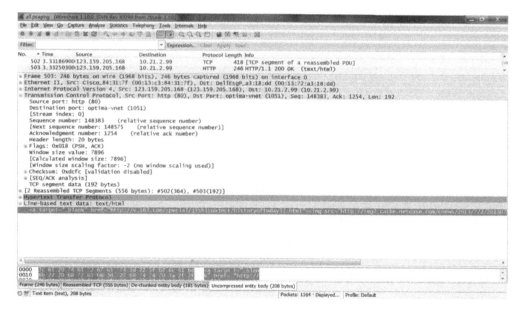

图 9-31　HTTP 交互—响应报文-2

在鼠标高亮显示的那行看到了网页的内容，可通过在 IE 浏览器上打开 www.163.com 后，选择查看源文件，比较一下是否相似。